国家骨干高等职业院校重点建设专业
(印刷图文信息处理专业)系列教材

高等教育高职高专"十二五"规划教材

U0323547

印刷
色彩控制
技术

田全慧 张建青 莫春锦 ●编著

刘浩学 ●主审

YINSHUA SECAI
KONGZHI JISHU

文化发展出版社
Cultural Development Press

内容提要

本书由四个模块十三个项目构成:模块一"印刷颜色及测量评价",以颜色科学为基础重点介绍印刷颜色复制中色彩的基础知识,补充了近代颜色科学中的色貌现象及色貌模型;模块二"印前完稿的色彩控制",从印前系统的构成,色彩复制的工艺环节,印前设备管理,印前彩色图像调整与输出等几个方面说明印前系统中如何处理可以保证彩色图像的正确显示、处理与输出;模块三"输出与打样",从CTP直接制版技术的控制、印刷数字工作流程控制、油墨预设系统、彩色数码打样等与印刷输出相关的技术说明输出环节中的色彩控制,并通过一些典型系统的应用任务加深对输出环节的色彩控制技术的掌握;模块四"印刷过程的色彩控制",全面介绍印刷过程控制环节中相关理论与技术。

本书理论与实践结合,可作为高等院校印刷技术、印刷图文信息处理、印刷机械、包装印刷等专业相关课程的教程,也可以作为相关工作技术人员和管理人员阅读用书。

图书在版编目(CIP)数据

印刷色彩控制技术/田全慧,张建青,莫春锦编著.—北京:印刷工业出版社,2014.6

国家骨干高等职业院校重点建设专业(印刷图文信息处理专业)系列教材(2021.8重印)

高等教育高职高专"十二五"规划教材

ISBN 978-7-5142-1026-2

Ⅰ.印… Ⅱ.①田…②张…③莫… Ⅲ印刷色彩学-高等职业教育-教材Ⅳ.TS801.3

中国版本图书馆CIP数据核字(2014)第111176号

印刷色彩控制技术

编 著:	田全慧 张建青 莫春锦
主 审:	刘浩学

责任编辑:李 毅	责任校对:岳智勇
责任印制:邓辉明	责任设计:侯 铮

出版发行:文化发展出版社(北京市翠微路2号 邮编:100036)

网　　址:www.wenhuafazhan.com

经　　销:各地新华书店

印　　刷:北京捷迅佳彩印刷有限公司

开　本:787mm×1092mm　1/16

字　数:258千字

印　张:11.875

彩　插:6

印　次:2014年7月第1版　2021年8月第2次印刷

定　价:49.00元

ISBN:978-7-5142-1026-2

◆ 如发现任何质量问题请与我社发行部联系。发行部电话:010-88275710

总 序

印刷产业的发展既离不开职业教育的支持，同时又能给职业教育提出了新的要求。20世纪80年代以来，在世界印刷技术飞速发展的浪潮中，中国印刷业无论在技术还是产业层面都取得了长足的进步。新设备、新工艺、新技术和新成果在中国印刷业得到了普及或应用，这也要求我国的职业教育适应产业技术发展需求，为国家培养更多的印刷专业技术技能型和管理型的人才。

上海出版印刷高等专科学校是培养我国出版印刷业高技能人才的全日制普通高等学校。创建于1953年，是新中国创办最早的出版印刷类高等学校，在行业中享有盛誉。原属国家新闻出版总署，现在是国家新闻出版广电总局与上海市人民政府共建。近60年来为我国的出版印刷业培养了数万名高层次技术骨干和行业高级管理人才，2005年被国家新闻出版总署确定为"国家印刷出版人才培养基地"，被誉为我国出版印刷业的"黄埔军校"、中国出版印刷人才培养的摇篮。2008年学校被国家新闻出版总署授予"技能人才培育突出贡献奖"。学校将进一步依托行业优势，立足上海，服务全国，面向世界，弘扬办学特色，创新办学模式，努力创建"三位一体"的国家示范性特色高职院校，使学校成为国家出版印刷人才培养基地、上海文化创意产业服务基地、国际先进传媒技术推广基地，为我国培养更多具有国际知识背景、人文素养、艺术眼光、创新意识的印刷出版类高素质技能型人才。

本套系列教材是上海出版印刷高等专科学校国家骨干高职院校重点专业建设的第一套教材，也是专业建设的系列成果之一。根据《教育部财政部关于实施国家示范性高等职业院校建设计划加快高等职业教育改革与发展的意见》（教高［2006］14号）和教育部、财政部《关于进一步推进"国家示范性高等职业院校建设计划"实施工作的通知》（教高［2010］8号）文件精神，上海出版印刷高等专科学校重点专业建设在重构以能力为本位的课程体系的基础上，配套编写了重点建设专业及专业群的系列教材。

本套系列教材是印刷图文信息处理专业核心课程教材,涵盖了印刷图文信息处理专业核心岗位的课程体系。本套教材的主要特色是:

- 反映了行业新技术、新规范、新方法和新工艺,具有很高的实用价值;

- 由高职院校的一线教师与企业共同努力开发完成,理论和实际达到有效的结合;

- 教材的编写打破了传统的学科体系编写模式,以岗位要求、工作过程为导向来系统设计课程内容,融"教、学、做"为一体,体现了高职教育"工学结合"的特色。

教材的编写是一项艰苦的工作,它要求教材的编写团队有科学、严谨和细致的工作精神,同时还要有丰富的专业知识和过硬的实践经验。我们希望这套系列教材的出版能够进一步推进高职院校的课程改革,为我国印刷产业的发展做出积极的贡献。

上海出版印刷高等专科学校

2013 年 12 月

前　言

印刷从发明至今，经过了几千年的发展与创新，如今的科技发展更是将印刷推向了信息传播的顶峰。广播、电视、网络、移动终端……每一个新传媒形式的出现都刺激着，也促进着印刷技术的发展。

几千年的发展，印刷由简单手工控制的黑白世界，走向了自动控制的五彩缤纷，于是色彩控制成为了印刷彩色复制技术的一个重点，也是印刷人反击其他传媒技术与追求完美的努力方向。然而，印刷是世界上最复杂的加工技术之一，其工序环节多，需要的相关理论与知识细致而繁复，因此需要从事专业技术多年的经验才能较好地驾驭印刷色彩控制。

2007 年到杭州新华印刷厂给企业进行技术培训，发现许多学员从事印刷技术工作已经近十年，他们有着丰富的实践经验，在印前岗位或印刷岗位都已经轻车熟路，信心满满，但对于印刷整个系统环节中的颜色控制却还是有着很多疑问。从那时起，本人一直关注印刷色彩控制技术发展，随着对印刷专业研究与教学培训的深入，以及与生产企业各环节的技术工程师地学习与交流，将相关理论与知识进行了整理。同时，此书的编写得到上海市教委科研创新项目"基于云技术的多基色分色模型研究与应用（项目号 13YZ149）"的支持，也是本人在浙江大学物理系光学研究所作为赵道木教授指导的访问学者的一项成果。

本书由四个模块构成，模块一"印刷色彩及测量评价"，以颜色科学为基础重点介绍印刷颜色复制中色彩的基础知识，补充了近代颜色科学中的色貌现象及色貌模型；模块二"印前完稿的色彩控制"，从印前系统的构成、色彩复制的工艺环节、印前设备管理、印前彩色图像调整与输出等几个方面，说明印前系统中如何处理可以保证彩色图像的正确显示、处理与输出；模块三"输出与打样"，从 CTP 直接制版技术的控制、印刷数字工作流程控制、油墨预设系统、彩色数码打样等与印刷输出相关的技术，说明输出环节中的色彩控制，并通过一些典型系统的应用任务加深对输出环节色彩控制技术的掌握；模块四"印刷过程的色彩控制"，从印刷企业的油墨配色、ISO 印刷控制标准到 G7 与 PSO 印刷认证，全面介绍印刷过程控制环节中相关理论与技术。

在此要感谢 EFI 公司的吴昌实先生、陈黎明先生，他们多年来一直从事印刷技术的色彩服务技术工作，在与他们的不断交流与学习中，本人获益匪浅。

在此还要感谢本人的博士生导师刘真教授的指导与鼓励。感谢在本书编写中给予了极大帮助与支持的徐东、顾萍、郝清霞、刘艳、钱志伟、牟笑竹、于明伟等同事，他们为本书的编写提出了许多宝贵的建议，丰富了教材的内容。同时，在此书编写过程中还得到了家人的大力支持，谨以此书的出版献给我深爱的丈夫与女儿们！

开卷有益，希望本书会对读者提供一些实际的帮助。同时，书刊编写是一项探索性工作，不足之处在所难免，欢迎广大读者对此书提出宝贵意见和建议，以便本书修订时补充更正！

田全慧
二〇一四年春于沪

目　录

模块四 印刷过程的色彩控制

模块一

印刷色彩及测量评价

项目一 颜色的描述及颜色现象

任务一 颜色与颜色分辨

 **教学目标**

色彩是印刷复制的重点，色彩的应用和测量是印刷色彩控制的重要技术，本部分通过印刷色彩学的相关基础知识，认识颜色的本质，理解色彩的形成原理、色彩三要素等基本色彩知识，掌握颜色分辨与排列技术。

能力目标

（1）掌握根据色彩三属性分辨颜色的技术。
（2）掌握颜色等视觉感受系统（孟塞尔系统）的分析技术。

知识目标

（1）掌握色彩三要素。
（2）理解色彩形成的原理。
（3）理解物体呈色原理。

一、颜色

颜色在自然界中是客观存在的。从本质上来说，颜色是一种光学现象，是光线作用于物体后所产生的不同吸收、反射的结果。在我国国家标准 GB5698—2001 中，颜色定义为"色是光作用于人眼引起除空间属性以外的视觉特性"。由此可见，颜色是光刺激人眼的结果。

简言之，颜色视觉产生的过程是指光源（太阳光或人工光源）发出的光照在物体表面，经过物体对光的选择性吸收、反射或透射之后作用于人眼，人眼的视觉细胞将光刺激转换为神经冲动并由视神经传入大脑，大脑判断出该物体的颜色。光源、物体、人是颜色视觉（色觉）产生的三大要素。

二、物体呈色机理

1. 发光体的颜色

一个发光体，它向外发出的光是由不同波长的单色光组成的，并且各单色光的辐射能量都不相同，它们共同辐射构成了发光体的辐射效果。不同的发光体都有各自的相对光谱功率分布。由于发光体不同，发光物质不同，各自的光谱功率分布也不同，所以发光体的颜色自然也不相同。发光体的颜色是由光源中不同的光谱成分共同决定的。在光谱成分中，哪种光谱成分的比例大，则发光体的颜色就偏向于哪种光谱色。比如，白炽灯呈现出的橙色，是因为在这一发光体的光谱成分中红光和黄光的成分居多，其相对光谱能量分布曲线如图 1－1（a）所示。而家用的冷白荧光灯，由于蓝光成分多，而红光与黄光的成分少，所以荧光灯偏蓝色，其相对光谱能量曲线如图 1－1（b）所示。

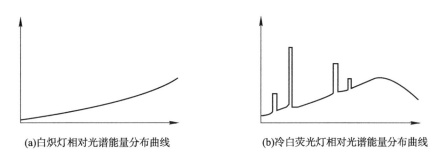

(a)白炽灯相对光谱能量分布曲线　　　　(b)冷白荧光灯相对光谱能量分布曲线

图 1－1　光源相对光谱能量分布曲线

2. 非发光体的颜色

除了自身能发光的物体有颜色外，自然界中几乎所有的非发光体也能呈现一定的颜色。当光照射到物体的表面时，一部分光被物体吸收，而另一部分光被物体反射或透射，有的物体在透射过程中还发生了折射现象。对于同一个物体来说，它只吸收一定波长的光，同时反射或透射剩余波长的光，反射或透射的光进入到人的眼睛，人的视觉器官就看到了物体，有了颜色的感觉。

大部分的物体，其吸光指数随波长不同而变化显著，所以只能选择性地吸收一部分波长的可见光，反射（透射）另一部分波长的可见光。物体的颜色就是由反射（透射）出光线的光谱成分决定的。反射体的颜色取决于反射光的波长及光谱功率分布，透射体的颜色取决于透射光的波长及光谱功率分布。将各波长光的反射率（或透射率）值与各波长之间关系描点可获得被测物体的分光光度曲线（图 1－2）。每一条分光光度曲线唯一地表达一种颜色，某颜色的分光光度曲线可称为该颜色的指纹。

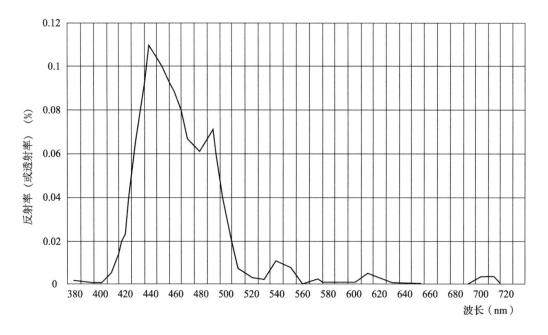

图1-2 分光光度曲线

三、颜色的三属性

色彩学引入了三个物理量，即色相又称为色调（Hue）、明度（lightness）、饱和度（Saturation），称为颜色三属性（HBS 或 HVC），任何色彩均可用这三个物理量来区别。色相即色彩的相貌，是色彩最基本的特征，也是色与色彼此相互区分最明显的特征。可见光谱不同波长的辐射在视觉上就表现为不同的色相。明度，即人眼所感受到色彩的明暗程度。饱和度是指反射或透射光线接近光谱色的程度，或者说是表示离开相同明度中性灰色的程度。

人眼在感觉彩色时只能用三个特殊的物理量即色相、明度和饱和度（或纯度）来衡量。HSB 色彩空间以颜色三属性为依据，建立三维色彩空间，色相 H 沿着周向变化，从 0 到 360，其中 0 或 360 为红色、60 为黄色、120 为绿色、180 为青色、240 为蓝色、300 为品红色；饱和度 S 为横向变化的分量，原点处饱和度为 0，圆周边缘饱和度为最大值 100；亮度 B 为纵向变化的分量，底下是亮度为 0 的黑色，顶上是最亮的白色（图 1-3）。

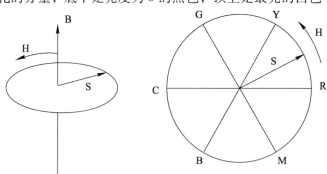

图1-3 HSB 色彩空间

四、孟塞尔系统

孟塞尔所创立的孟塞尔系统（Munsell Color System）是用一个三维空间的类似球体模型把各种表面色的三种基本物理特性即色相、明度、饱和度全部表示出来。在立体模型中的每一部位各代表一个特定的颜色，并给予一定的标号。这是从心理学的角度根据颜色的视觉特点所制定的颜色分类和标定系统。

孟塞尔系统中把色彩立体水平剖面上的各个方向代表 10 种孟塞尔色相（H）。这 10 种孟塞尔色相分为 5 个主要色相和 5 个中间色相，组成了孟塞尔系统的色相环。5 个主色是红色（R）、黄色（Y）、绿色（G）、蓝色（B）、紫色（P）。5 个间色是黄红色（YR）、绿黄色（GY）、蓝绿色（BG）、紫蓝色（PB）、红紫色（RP）。

孟塞尔系统的中央轴代表无彩色白黑系列中性色的明度等级，黑色在底部，白色在顶部，称为孟塞尔明度值。孟塞尔系统把亮度因数等于 102.57 的理想白色定为 10，把亮度因数等于 0 的理想黑色定为 0，孟塞尔明度值由 0～10，共 11 个在视觉上等距离的等级。

在孟塞尔系统中，色样离开中央轴的水平距离代表饱和度的变化，称为孟塞尔饱和度，表示具有相同明度值的颜色离开中性灰色的程度。它也分成许多视觉上相等的等级，中央轴上的中性色饱和度为 0，离开中央轴越远，饱和度越大。该系统通常以每两个饱和度等级为间隔制作一色样。各种颜色的饱和度是不一样的，个别最饱和的颜色的饱和度可达到 20。

任务二　辨色实验

教学目标

认识颜色的视觉感受，理解色彩的三属性，掌握颜色分辨与排列技术。

能力目标

（1）掌握色彩三属性分辨颜色的技术。
（2）掌握颜色等视觉感受系统（孟赛尔系统）的分析技术。

知识目标

（1）掌握色彩三属性的分辨。
（2）理解色彩形成的原理。

实验目的

利用人的主观判断，完成颜色分辨与排列，理解人眼对颜色感觉的三个属性，并能结合孟塞尔系统理解颜色感觉的形成与分辨，掌握主观颜色分辨与排列的方法。

实验器材

- 100 个以不同饱和度、不同色相分布的色样。
- 孟塞尔系统颜色立体样本，彩色分光光度仪。

实验过程

（1）目测彩色印刷品上的颜色效果，根据色样的颜色差异情况，如亮度高低、饱和度大小、颜色差别大小等分类，并将分类的色样排列于结果表栏中。

（2）观察并使用测量仪器评价孟塞尔系统的色均匀性。

实验结果与分析

色样排列图例（图 1-4，彩色效果见彩插）。

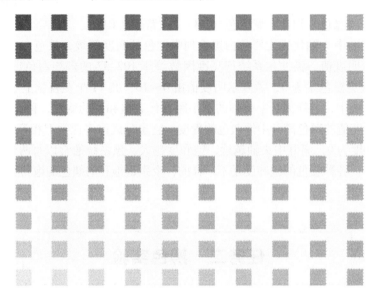

图 1-4　色样排列

实际排列结果：

讨论：如何说明孟塞尔系统的色均匀性？

任务三　色貌现象

 **教学目标**

色貌现象是人在观察颜色时的一些特殊视觉现象，本部分以色彩学研究的色貌基本属性，以及基本色貌现象为主要内容。

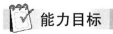 **能力目标**

理解色貌属性与色貌现象。

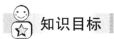 **知识目标**

（1）色貌的基本属性。

（2）色貌现象的描述。

CIE标准色度系统是在单色色块视觉匹配实验的基础上提出的，主要适用于在特定照明环境及观察条件下颜色的定量描述。但在实际应用中人们往往在不同的照明环境及背景条件下观察物体，而照明环境及背景条件的变化又会引起视觉系统对同一物体物理刺激的颜色知觉发生变化，即照明或环境的变化会引起不同的色貌感知。因此CIE标准色度系统无法解释观察环境、观察者的适应状态等产生的色貌现象。

一、色貌现象

当两个颜色的CIE XYZ三刺激值相同时，只有周围环境、背景、样本大小形状、表面特性和照明等观察条件都相同时，视觉知觉才一样。如果将两个具有相同三刺激值的颜色放在不同的观察条件下，人的视觉感知就会产生变化，就产生了物体颜色外貌随观察条件变化的现象，即色貌现象。色貌现象描述了观察条件改变和色貌改变的关系，为色貌模型的研究奠定了基础。色貌现象有很多，这里介绍7个主要的色貌现象。

1. 同时对比/诱导（Simultaneous Contrast/Induction）

人眼视觉系统对较低空间频率目标颜色刺激的感知随着背景颜色的变化而变化，且其朝着背景对抗色的方向变化，这种现象称为同时对比效应。简而言之，同时对比效应就是由于背景的不同而对同一观察物体产生了不同的视觉感受。

如图1-5所示说明了同时对比色貌现象（彩色效果见彩插）。图1-5（a）中，四个有相同色度值的灰色小色块，在同样的灰色背景下两个小色块视觉感知是一样的［图1-

5（a）上]；但位于不同背景的两个色块有明显差异，在黑色背景下的灰色块看起来亮一些，而白色背景下则显得暗一些。图1-5（b）中，四个有相同色度值的绿色小色块，在同样的灰色背景下两个小色块视觉感知是一样，相同色度值的两个绿色块在红色背景下看起来更绿一些。

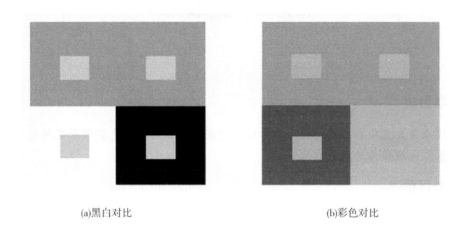

(a)黑白对比   (b)彩色对比

图1-5 同时对比例子

同时对比遵守视觉对立色理论，因此同时对比又称色诱导。同时对比具有如下规律：

● 亮色与暗色相邻，亮色更亮，暗色更暗；灰色与艳色相邻，灰色更灰，艳色更艳；冷色与暖色相邻，冷色更冷，暖色更暖。

● 不同色相相邻时，都倾向于将对方推向自己的补色。

● 补色相邻时，由于对比作用强烈，各自都增加了补色光，色彩的鲜艳度也同时增加。

● 同时对比效果，随着纯度的增加而增加，同时以相邻交界之处即边缘部分最为明显。

● 同时对比作用只有在色彩置于相邻时才能产生，其中以一色包围另一色时效果最为醒目。

2. 扩增（Spreading）

色刺激与背景相互作用时，会因为色刺激空间频率的改变，而影响人眼对于色相的视觉感受。当目标颜色刺激的空间频率较高时，同时对比将被扩增替代。扩增是刺激的颜色与背景的颜色混合，而同时对比是刺激的颜色呈现背景色的对立。

图1-6可解释同时对比和扩散现象（彩色效果见彩插）。将灰色的刺激长条从左到右频率逐渐增加放在红色的背景上，对于图中左端低频（宽）的灰色条，发生同时对比而使色条略显绿色；而图中右边高频（窄）色条则发生扩散现象，即灰色条带与它们之间的红色背景发生混合，产生扩散现象，灰色长条有点发红。当由近到远观看图1-6时（彩色效果见彩插），相当于图片的空间频率由小到大变化，可以看到从同时对比到扩散的转变。

图1-6　同时对比和扩散现象

3. 勾边（Crispening）

同时对比也可以产生增加颜色间的知觉色差的现象。即两个色刺激差异大小与背景有关，当两差异不大的刺激同时放在与刺激量相似的背景上，人眼对于两刺激量视觉差异知觉更明显，这种现象称为勾边。反之，若背景与刺激的色差较大，则感觉到两个刺激色差较小。

图1-7说明了明度与色度勾边（彩色效果见彩插）。图1-7（a）显示了一对灰色样本的勾边现象，在灰色背景上的这一对灰色样本比在白色或黑色背景上的亮度差更大一些。对于有色刺激也有同样的效果，如图1-7（b）所示。

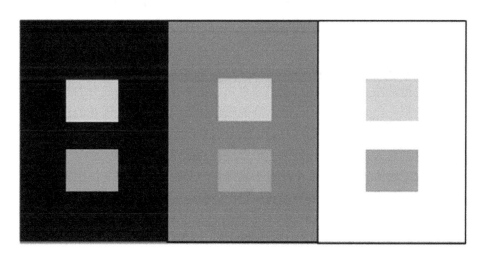

（a）

(b)

图 1 – 7　明度与色度勾边

4. Hunt 效应

Hunt 效应是指视彩度随着亮度的增加而增大的一种视觉现象。在更亮的光源条件下，物体色看起来更加鲜艳、明亮，如夏天午后花朵的颜色较晚上更鲜艳等属于这种效应。

5. Stevens 效应

Stevens 效应是指明度、对比度随着亮度增加而增大的一种视觉现象。例如，外界环境照明越强，则彩色图像中的亮色更亮，暗色更暗。

6. Helmholtz — Kohlrausch 效应

Helmholtz — Kohlrausch 效应就是视明度取决于亮度和彩度。当亮度恒定时，视明度是是随彩度的增加而增加的，此外色相的变化也会影响视明度。

7. 颜色恒常性

当照明光源的光谱分布及强度发生变化时，人眼视觉系统保持物体颜色不发生变化的现象，称为颜色恒常性。由物体的成色机理可知，物体在不同光谱成分的光源照射下，会呈现出不同的色彩。比如一些人们经常看到的颜色如天空的蓝色、雪花的白色、树叶的绿色等，即使光源的光谱成分发生了变化，人们对这些颜色的感觉在一定程度上看起来仍是十分稳定的。这就是人眼视觉系统的颜色恒常性在起作用。

颜色恒定表明物体颜色并不完全决定于物理特性及视网膜的感光细胞特性，还受人们的视觉经验的影响。通常把这些具有颜色恒定性的颜色称为记忆色。同时，颜色恒定也说明，要想用目测的方法精确评价颜色是不可能的。对于从事色彩设计及处理的人们来说，了解颜色恒定的心理影响可以避免其不利影响。

二、色适应

色刺激到达人眼后的一级色貌现象应是人眼的色适应，色适应是产生色貌现象的根本原因，因此在了解了色貌现象后，进一步了解色适应是学习色貌模型的基础。

人眼视觉的适应现象是指人眼会随着环境刺激的改变而改变原有的刺激感觉。视觉适应现象分为明适应、暗适应和色适应三种。

1. 明适应

明适应是指当人由暗环境进入亮环境时，由于环境光亮的突然增加而造成人眼在短时间无法看见周围景象，但经过一段适应时间后，人眼就能够获得清晰的视觉。比如刚从暗室到有明亮阳光的室外时，人们会感觉阳光耀眼，看不清东西，适应一会儿就恢复正常视觉感受了。明适应过程比较快，大概几分钟内，眼睛就能完全适应。

2. 暗适应

暗适应是指当人由亮环境进入暗环境时，由于照射光源明度突然降低，而导致人眼暂时无法看到暗环境中的景象，经过一段时间，人眼适应新的亮度水平，能够看清周围环境。比如，在白天当人进入电影院时，刚开始无法看见任何东西，眼前黑乎乎的，经过一段时间适应后，就可以看见周围的物体。暗适应的过程比较慢，而且在暗环境停留初期时适应快，但是后期适应速度比较慢，要完全适应暗环境，整个过程需要约30min。

3. 色适应

色适应是指人眼对不同照明光源或不同观察条件的白点变化的适应能力，即视觉对照明色的一种自动校正。比如，在不同显示器白场下观看一幅画时，眼睛能使彩色之间的相对关系保持一致。

假定视觉系统已经适应于白炽灯照明（黄色光较多）下对一张白纸的观察，现在如果把白纸移往室外，由日光照明（蓝光较多），则开始时会感觉到纸张有些偏蓝色，但经过一段时间后，又将感觉纸张是白色的；如果改用 A 光源（红光较多）照明，同样感觉到的颜色将从偏红逐渐恢复成白色。前一过程的机理可以用眼睛视蓝锥细胞的灵敏度被逐渐降低，以抵消日光中多余蓝光的影响来解释；后一过程可以用视红锥细胞的灵敏度降低以抵消 A 光源中多余红光的影响来解释。

图 1－8 可以看出色适应效果（请看彩插中彩色效果图），首先仔细注视右边适应图像中青色和黄色之间的黑点约 30s，改为注视左边风景图像，可以发现图像在黑点左右两边的颜色是一致的。这是因为人眼对某一色光适应后，观察另一物体的颜色时，不能立即获得客观的颜色印象，而带有原适应色光的补色成分，因此，依旧认为在不同照明下所见的色彩是相同的，但实际上其色度值是不一样的。

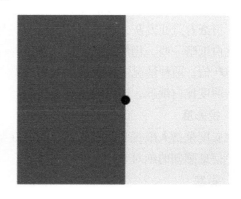

图 1－8　色适应现象

4. 不完全色适应和混合色适应

不完全色适应是指人眼对周围光源没有达到完全饱和的适应，它几乎存在于每一个色适应过程。Fairchild 的研究表明，人眼在 2 分钟之后才会对观察环境完全适应，如果将 2 分钟之内的色适应都当作完全色适应对待，是不合理的。为了补偿这一不完全色适应过程，目前的色适应变换模型基本都采用不完全色适应因子来控制适应程度，但是不同模型基于不同理论及实验结果又提出不同的不完全色适应因子。

混合色适应是指观察者对不同光源的适应过程，目前比较常见于观察软拷贝图像时。因为软拷贝图像呈现在显示器上，而显示器是自发光的，假设显示器色温为 D65，会对人眼产生影响，同时周围环境光也会对人眼产生影响。

在类似于这一过程的情况下，人眼会对某种光源达到某种程度的适应，而对另一种光源也达到一定程度的适应，如对显示器的适应度为 60%，对周围环境光的适应度为 40%。根据许多研究结果显示，当观察环境光源的相关色温不同时，混合色适应变换要明显比传统的色适应变换更贴合人眼视觉观察结果。

三、色貌属性

在 CIE 色貌系统中，通常用六种色貌属性对物体在不同照明环境及背景条件下的颜色属性进行定量描述，即视明度（Brightness）、明度（Lightness）、视彩度（Colorfulness）、彩度（Chroma）、色相（Hue）和饱和度（Saturation）。

1. 视明度

视明度是指人眼视觉系统对颜色刺激所感知到的绝对亮度，是视觉亮度感知的绝对量。需要注意的是，视明度和光度学中的亮度（Luminance）不同，视明度是用来描述人眼在复杂环境下对颜色的明暗视觉感知，而亮度主要用来描述颜色刺激所发出的光谱辐射能量经人眼光视效能函数调制后的亮度感觉，其单位为 cd/m^2。

2. 明度

明度是指人眼视觉系统对颜色刺激感知的亮度，相对于对周围白场所感知到亮度的相对值，是视觉亮度感知的相对量，可以表示为：

$$明度 = \frac{视明度}{白场视明度} \tag{1-1}$$

举例说明视明度和明度的差异，把一张报纸和一张办公标准白纸放在一起，在室内观察时，报纸有点儿发灰，白纸是白色的，当把它们放在夏日阳光充足的室外观察时，报纸还是比白纸暗一些，仍然发灰。实际在室外，从报纸反射光数量是室内时白纸反射光数量的约 100 倍，两种情况下，两种纸反射光数量的相对值没有变，即它们的明度都没有变，报纸的明度比白纸低，所以看上去比白纸暗。

3. 视彩度

视彩度是指人眼视觉系统对颜色刺激在某一色相上所感知到的绝对彩色信息强度，是一彩色信息感知的绝对量。

4. 彩度

彩度是指人眼视觉系统对颜色刺激在某一色相上，所感知到的绝对彩色信息强度相对于周围白场绝对亮度的彩色信息感知量，是一彩色信息感知的相对量，即

$$彩度 = \frac{视彩度}{白场视明度} \qquad (1-2)$$

5. 饱和度

饱和度是指人眼视觉系统对颜色刺激的视彩度相对于其视明度的视觉感知，是一彩色信息感知的相对量，其可以分别表示为

$$饱和度 = \frac{视彩度}{视明度} \qquad (1-3)$$

$$饱和度 = \frac{视彩度/白场视明度}{视明度/白场视明度} = \frac{彩度}{明度} \qquad (1-4)$$

6. 色相

人眼视觉系统对颜色刺激属于红、绿、黄、蓝或其中两种混合色的视觉感知属性，色相一般用色相环来表示。对于中性灰，称无彩色，不采用色相这一属性对其描述。

通常需要五个色貌属性才能完整地对色貌感知进行描述，即视明度、明度、视彩度、彩度和色相。饱和度可以通过其他色貌属性计算得到，是一非独立色貌感知属性。五个必要色貌感知属性又可以分为两组，一组是视明度、视彩度和色相，另一组则为明度、彩度和色相，其中前一组是绝对色貌信息描述系统，后一组是相对色貌信息描述系统。实际上，在彩色图像跨媒体颜色复现等大多数应用领域，实现相对色貌匹配就可以了。比如，在一个有明亮阳光条件下拍摄的室外景色，印刷后在室内观看，室内的光照度要比室外明亮的阳光条件下光照度低很多，要达到绝对色貌匹配是不可能的，但一般我们视觉感受是印刷的图片确实是室外的景色，即达到了相对色貌匹配就可以满足复制要求了。

任务四　色适应变换与色貌模型

教学目标

色适应是产生色貌现象的根本原因，也是建立色貌模型的核心，本部分通过色适应变换，学习典型的色貌模型及其应用。

能力目标

（1）理解色适应变换与色貌模型。

（2）掌握色貌模型的应用。

知识目标

（1）色适应变换的原理。

（2）色貌模型的原理与应用。

一、色适应现象

色适应（Chromatic Adaptation）是产生色貌现象的根本原因。色适应在日常生活中无处不在。例如，在室外观看景色时，实际上阳光或照在景物上的光线的光谱成分是一直变化着的；在显示器上看相机拍摄的景物照片时，显示器的色温可能是5000K、6500K或者9300K，该照片被打印出来后，通常又在标准照明D50下对其进行评价，所有的这些照明条件都可能不一致。因此为了真实再现图像色貌，需要将某一确定照明条件下采集到的图像颜色，变换到观看输出图像时的照明下对应的图像颜色。

1. 对应色概念

对应色是指在不同光源或不同观察条件下有相同色貌的两个刺激。例如，如果在一组观察条件下的一个刺激（X1，Y1，Z1），与另一组观察条件下的另一个刺激（X2，Y2，Z2）的色貌相匹配，那么（X1，Y1，Z1）、（X2，Y2，Z2）和它们的观察条件一起组成了一对对应色，所以也可以说色适应是预测对应色的一种能力。

2. 色适应模型

通过视觉实验来获得不同观察条件下的对应色数据是有限的，所以期望有一个基于数学模型的色适应变换来预测每个（X1，Y1，Z1）所对应的（X2，Y2，Z2）。

色适应模型（Chromatic Adaptation Model，CAM）是指能够将一种光源下三刺激值变换到另一种光源下三刺激值而达到知觉匹配的理论。色适应模型是预测色貌随光源照明变化，解决不同照明光源或不同观察条件的白场下颜色匹配问题的，没有考虑人眼对明度、彩度和色相等色貌属性的定量描述，它仅仅提供从一个观察条件下的三刺激值到另一个观察条件下匹配的三刺激值的变换公式。

色适应变换可以预测不同观察条件下的对应色，但没有将对应色与色貌模型联系起来，无法得到被观察物的色貌属性。色貌属性需要通过色貌模型来描述。

二、色貌模型

定量地描述色貌属性需要在特定的观察环境下利用色貌模型来计算，因此需要先了解色貌模型定义和色貌的观察条件，在此基础上，学习色貌模型的基本架构。

1. 色貌模型定义

色貌模型是对基础色度学的扩展，主要用来在特定照明环境及背景条件下，通过颜色刺激的色度值预测其色貌属性或者通过其色貌属性预测其色度值，因此，色貌模型是指能够给出将颜色刺激的物理量（如三刺激值）和观察条件变换为颜色的相关知觉属性的数学模型或数学表达式，即色貌模型提供了在一种观察条件下变换三刺激值到知觉颜色属性的方法。CIE技术委员会TC1-34（Testing Colour Appearance Models）这样定义了色貌模型：色貌模型是任何一个至少包括对相对色貌属性明度、彩度、色相的预测；对于一个能够合理预测这些属性的模型，至少包括一个色适应变换形式；如果预测绝对色貌属性视明度和视彩度，预测其他色貌现象，色貌模型要更复杂。这个定义保证了色空间CIE $L^*a^*b^*$ 和 CIEL*u*v* 是一个最简单的色貌模型，同时也说明色貌模型中至少包括色适应变换，目的是预测相关色相对的色貌属性；而预测绝对色貌属性和解释色貌现象需要更复杂的模型。

2. 色貌观察条件

一个被人眼视觉观察到的目标颜色刺激的色貌不仅与刺激本身有关，还与进入视觉系统所有作为刺激的场景有关，这个场景通常称为观察条件（Viewing Conditions）。一个典型的色貌观察条件如图1-9所示，主要由目标颜色刺激、近场、背景和环境组成。

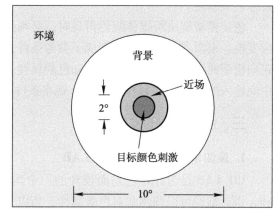

图1-9　典型色貌观察条件

目标颜色刺激（Stimulus）：目标颜色刺激是指图1-9中，中央视角为2°的区域，对应于CIE1931标准色度观察者视场，2°视场大约相当于手臂伸展开时大拇指所张开的角度。

近场（Proximal Field）：近场是指图1-9中靠近目标颜色刺激的圆环区域，用来描述局部对比色貌属性。目前大多数色貌模型都没有考虑近场区域对目标颜色刺激视觉感知的影响，常常假定近场颜色与背景相同。

背景（Background）：背景是指图1-9中近场外边界到10°视场的大圆环区域。大多数色貌模型都考虑了背景对目标颜色刺激视觉感知的影响。

环境（Surround）：背景外边界以外的所有区域，统称为环境。一般被认为是观察者所在的整个房间。由于环境很难定量描述，色貌模型的周围环境被简单地分为四类，分别为观看电影或幻灯片的暗室环境、观看电视的微暗环境、常规观察的一般环境和灯箱中观察印刷品的特殊环境。除了以上介绍的几种观察条件外，照明光源的强度、颜色及人眼对照明环境的适应状态等也会对目标颜色刺激的色貌感知产生较大影响。

3. 色貌模型基本架构

色貌模型（Color Appearance Model，CAM）主要是解决不同媒体（Medium）在不同的照明（Illuminant Condition）、不同的背景（Background）、不同的环境（Surround）和不同的观察者（Observer）下颜色的真实再现问题。所有的色貌模型都从定义目标颜色刺激和观察条件开始，为了便于实际应用，一般模型将目标颜色刺激定义为CIE三刺激值，观察条件最少包括适应场白点或光源白点，其他观察条件包括绝对亮度、背景、环境等。

从色貌模型定义可知，一个色貌模型至少包括色适应变换和计算相关色属性的色空间。

（1）色适应变换。色适应变换首先将输入刺激CIEXYZ变换到适合于色适应变换的色空间，一般是锥响应空间，接着根据输入观察条件进行色适应变换。由于计算色貌属性的色空间必须在选定的参考条件下才有意义，所以，色貌模型中的色适应变换目的是实现颜色刺激从一种观察条件到参考条件的对应色变换。参考条件一般采用等能白或D65作为参考条件。

（2）计算色貌属性的色空间。经过色适应变换后，得到适应后信号，该信号还需要变换到计算色貌属性的色空间，一般采用锥细胞生物响应色空间，然后进行视觉非线性压缩和对立色处理。非线性压缩模拟视觉系统响应的动态非线性特性，其特点是随着刺激强度

15

的增加或降低，视觉感受趋于一个定值。这个函数相当于各种图像系统中使用的色相重现函数，达到在强度高或低时压缩输出色相范围的目的。

非线性压缩后进行对立色处理，将背景、环境等观察条件结合到对立色信号，计算出各种色貌属性。

色貌模型解决跨媒体颜色再现时，必须使用正向模型和反向模型。反向模型中的色适应变换，来源端的环境条件变成了参考条件，目标端是另一种观察条件。反向模型完全是正向模型的逆过程，即从人眼感知色貌属性一直反变换到色度三刺激值 XYZ，所不同的是中间输入的参数是"目标适应场"观察条件。

三、色貌模型的发展

1. 最简单的色貌模型 CIE LAB

CIE LAB 是为计算色差而设计的一个均匀色空间，由于它可以预测明度、彩度和色相，也就是说可以预测相对色貌属性，所以，属于一个色貌模型。简要分析如下：其计算过程中，以参考白点 $X_n Y_n Z_n$ 作为 XYZ 值的标准化就是模拟 Von Kries 色适应变换；然后用非线性的立方根计算模拟视觉非线性压缩；可以由明度值 L^* 和对立色坐标 a^* 和 b^* 计算彩度 Cab^* 和色相 Hab，即可以预测相对色貌属性。

CIE LAB 模型仅仅在近日光照明条件下，白点发生很小变化的情况下有较好表现，预测的色貌匹配可以接受。

2. 早期的色貌模型

CIE LAB 之后，新的色貌模型研究从 20 世纪 90 年代初期开始。早期的色貌模型中最有代表的色貌模型有英国 R. W. G. Hunt 提出的 Hunt 模型、日本 Y. Nayatani 提出的 Nayatani 模型、美国 M. D. Fairchild 提出的 RLAB 模型和英国 M. R. Luo 提出的 LLAB 模型。

（1）Hunt 模型。Hunt 模型的发展经历了 20 多年，最终的版本是 Hunt94。它是一个为预测许多色貌现象而精细设计的模型，是对人眼视觉系统描述最好的模型，可以预测大范围的色貌现象，但其模型太复杂，要预设很多参数，不利于应用，而且对橘黄、黄和绿区域的对应色预测不准确。

（2）Nayatani 模型。Nayatani 模型的发展经历了多次的修改优化，最终推出的版本是 Nayatani95，也可以预测大范围的色貌现象。这个模型是从照明工程的角度预测各种光源下物体的色貌，以预测光源的显色性为目标，但由于模型中没有说明背景、环境等因素对色貌的影响，以及其他一些不足，CIE 没有将其作为推荐模型。

（3）RLAB 模型。RLAB 模型是对 CIE 传统色度学的扩展，为了彩色图像跨媒体再现而设计的，是一个简单的色貌模型。1993 年由 Fairchild 基于 Von Kries 色适应的不完全色适应而提出的，主要应用在图像再现上，由于其设计简单，不能预测明度和视明度，不能预测亮度效应。

（4）LLAB 模型。LLAB 模型与 RLAB 模型相似，也是对 CIE 传统色度学的扩展，1996 年由英国的 M. R. Luo 教授提出。LLAB 模型完全考虑便于实际应用，专为色貌标定、色差计算、色匹配而设计的，模型建立在 FBD 色适应基础上，可以预测很多色貌现象，但没有考虑不完全适应，不能预测某些亮度效应。

3. CIECAM97s 色貌模型

1997 年，CIE TC1 – 34 技术委员会在综合了 Hunt94、Nayatani95、RLAB 和 LLAB 等色貌模型特点之后，建立了色貌模型的统一简化版—— CIECAM97s，由于 CIE 很快又公布了 CIECAM02，CIECAM97s 被称为过渡性简单色貌模型。CIECAM97s 以 Nayatani 模型结构为主，对相关色和非相关色分别处理。

为了便于在实际中应用，CIECAM97s 是在符合大部分观察条件的基础上，对其他色貌模型进行适当简化建立起来的，适用于在正常明视觉范围内（环境亮度约为 $2 \sim 2000 \text{cd/m}^2$）大多数典型的白光照明下，预测正常视觉者对彩度不高的颜色的知觉。

但 CIECAM97s 模型除了计算非常复杂外，在某些方面预测精度不足，如对靠近中性轴的颜色彩度预测过度、对饱和度的预测不好、预测相同彩度不同明度时误差较大等问题。

4. CIECAM02 色貌模型

CIECAM02 模型是 CIE 在对已有模型进行测试、综合及改善后推荐的最新色貌模型，是对 CIECAM97s 模型的修正和改进模型。

CIECAM02 正向色貌模型的输入和输出参数如图 1 – 10 所示，输入参数包括：待转换颜色刺激对应的 CIE 三刺激值（X，Y，Z），适应场亮度 L_A，参考白三刺激值（X_W，Y_W，Z_W），背景亮度 Yb 及环境类型；输出参数，即通过色貌模型可以预测的色貌属性包括视明度（Q）、明度（J）、视彩度（M）、彩度（C）、色相角（h）、色相成分（H）、饱和度（s）、红绿坐标（a）和黄蓝坐标（b）。

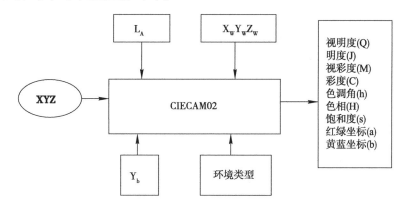

图 1 – 10　CIECAM02 模型的输入与输出参数

CIECAM02 色貌模型可以预测不同光源白点、照明程度以及简单的观察背景下颜色刺激的色貌，对刺激的背景只做了较粗略的划分，但不能满足精确的计算色差，没有考虑图像这种具有复杂的空间结构的颜色刺激，也没有考虑人眼的视觉特性，因此不能满足与视觉特性相关的色貌预测以及图像质量评价和图像中的色貌问题的分析，需要提出新的适用于图像的色貌模型。

5. 图像色貌模型

Fairchild 和 Johnson 在 CIECAM02 的基础上，提出一个针对静态图像的色貌模型基本框架，称为图像色貌模型（Image Color Appearance Model，iCAM）。这个模型包括了人眼空间和时间特性，可以预测复杂空间刺激的各种色貌感知。其基本框架与 CIECAM02 相同，输入参数和计算公式没有变化，但一些转换公式和环境参数的定义与 CIECAM02 不同，主要表现在两方面：一是 iCAM 对白点定义时考虑了人眼视觉特性，采用了 CSF 滤波处理模拟人眼视觉特性；二是 iCAM 将颜色变换到 IPT 均匀色空间。

人眼对比度敏感函数（Contrast Sensitivity Functions，CSF）是随刺激的空间频率变化的函数，利用 CSF 低通滤波函数可以去除人眼无法看到的信息，模拟人眼对图像的观察效果。iCAM 考虑到人眼会根据空间频率的不同而改变对白点的认知，所以采用 CSF 滤波处理模拟人眼后，以图像最大刺激作为参考白；而 CIECAM02 中，以光源白点为参考白点。

IPT 均匀色空间与 CIELAB 色空间的色彩属性值相同，其中 I 代表明度轴，P 代表红 - 绿轴，T 代表黄 - 蓝轴；I 取值范围为 0 ~ 1，P 和 T 的取值范围是 − 1 ~ 1。IPT 与其他均匀色空间相比，主要优点是其色相预测比其他色空间的准确，在明度与彩度预测上与 CIELAB 基本相同，更接近人眼视觉的感受。在图像色貌中应用 IPT 均匀色空间有利于色相的准确预测，而且简化了 CIECAM02 的变换方式。

（1）iCAM 架构。iCAM 模型可针对单个像素进行处理，也可对复杂空间刺激图像进行处理。iCAM 模型包括刺激的三刺激值、适应白点、适应亮度和环境因素。处理过程为：①首先利用 CIECAM02 中的色适应变换将三刺激值变换到色适应锥响应空间 RGB；②再将 RGB 变换到 IPT 色空间，用适应环境亮度值来调节 IPT 变换的非线性来预测各种色貌属性；③直角坐标色空间 IPT 变换到柱坐标色空间得到相对色貌属性明度、彩度和色相；④由相对色貌属性根据适应亮度值计算出视明度、视彩度，再计算出饱和度。

（2）iCAM 处理步骤。iCAM 输入的是图像，分别为原始图像、适应图像、适应亮度图像、环境亮度图像。后两种亮度图像类似于传统色貌模型中的两种亮度，即"适应场绝对亮度"和决定色适应程度的"环境亮度"。

iCAM 计算步骤如下：

第一步，色适应变换。先将原始图像中的每个像素由 XYZ 色空间变换到人眼视觉锥响应空间 RGB，变换矩阵采用 CIECAM02 中的 CAT02。然后用带有适应因子 F 的线性 Von Kries 变换，从图像锥响应空间 RGB 变换到适应后的 $R_C G_C B_C$。同样需要将低通滤波得到的图像 $X_{LOW} Y_{LOW} Z_{LOW}$ 变换到锥响应空间 $R_W G_W B_W$。

第二步，适应后的锥响应 $R_C G_C B_C$ 变换到对立色空间 IPT。首先将适应后的锥响应 $R_C G_C B_C$ 变换到 D65 参考照明下的 $X_{D65} Y_{D65} Z_{D65}$（因为 IPT 色空间是定义在 D65 参考条件下的，所以 iCAM 图像色貌模型中选择 D65 作为参考照明条件，色适应变换得到从原适应场变换到 D65 的对应色）。D65 参考照明下的对应色 $X_{D65} Y_{D65} Z_{D65}$ 经过一个线性矩阵变换，变换到锥响应空间 LMS，在锥响应空间中，LMS 再经过一个由适应亮度 FL 调节的指数变换运算得到 L'M'S'，最后经过另一个线性变换矩阵将 L'M'S' 变换到 IPT 空间。

第三步，计算色貌属性。通过直角坐标到柱坐标的标准变换得到明度、彩度和色相（JCh）。视明度（Q）通过明度与亮度适应因子 FL 相乘得到，视彩度（M）通过明度与彩度适应因子 FL 相乘得到，饱和度可通过 C/J 或 M/Q 得到。

四、色貌模型的应用

1. 色貌模型的应用

CIE1931 – XYZ、CIE1964LAB 等表色体系忽视了同样的刺激在不同周围环境下会导致不同的感觉这一事实，在有些情况下不能正确表达视觉系统对颜色的感受，色貌模型是针对这一问题发展起来的。色貌模型中的颜色属性（如 J、C、H）不仅反映了一个刺激本身的特性，而且还反映了环境、背景的影响，因此色貌模型中的颜色属性更符合实际的视觉效果。ICC 在其色彩管理系统中引入了 CIECAM02 为色域映射和插值计算提供了一个均匀色空间，另一方面，在颜色再现中可方便地计算出不同观察条件下的对应色，使得计算所得的色貌属性更符合视觉感受的特点。

但在实际应用中，要根据具体应用要求来选择合适的色貌模型，简单模型能够达到应用要求的，就没必要选择复杂的色貌模型。比如，如果是光源白点发生了变化，尽可能选择 CIELAB 模型，如果 CIELAB 模型不合适，采用 Von Kries 色适应变换到参考条件，基本可以满足应用需求；如果是从硬拷贝到软拷贝或者是环境发生了变化，可以采用 RLAB 或 ZLAB 模型。

2. 图像色貌模型的应用

iCAM 不仅可以预测图像色貌，还可以应用于彩色图像质量评价、图像色差评价以及高动态范围图像再现等领域。

在图像色貌预测方面，在典型的参考条件下，iCAM 对明度、彩度，以及视明度和视彩度的预测方面，和目前最好的色貌模型预测的效果相一致；在更特殊的观察条件下，iCAM 表现出了巨大的潜力，但需要收集相应的视觉数据。

在图像色差和图像质量预测方面，其特点是模拟视觉特性对图像进行滤波，除去视觉感受不到的高频成分。先在 IPT 对立色空间使用 CSF 对亮度通道进行带通滤波，对色度通道进行低通滤波，之后再变换到非线性 IPT 空间，进行随后的操作。应用于两幅图像时，可以预测感知色差和图像质量。

在高动态范围图像再现方面，通过 iCAM 应用可以将高动态图像数据映射到低动态范围，显示在普通显示设备上。首先计算出图像的色貌相对属性 JCH，由显示设备的观察条件提供 IPT 色空间逆变换和色适应逆变换的参数，通过逆变换实现不同观察条件下的原始景物色貌在给定观察条件的显示设备上再现的目的。

任务五　不同色样的色适应实验

教学目标

认识色适应与色貌现象，理解色适应变换，掌握色适应变换对颜色预测的影响。

能力目标

（1）掌握色适应变换。

（2）掌握色适应变换对颜色的预测。

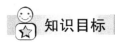 **知识目标**

理解色适应与色适应变换。

实验目的

通过不同光源下标准色板的颜色记忆与数据测量，理解色适应现象，并验证色适应模型对色彩测量的影响，以及掌握准确测量颜色值以反映人眼视觉感受的方法。

实验器材

- ColorChecker 色板；
- CS – 2000 分光辐射亮度计；
- 标准灯箱（带多光源）；
- 数码相机；
- 计算机；
- 移动存储器；
- Microsoft Office 软件；
- Photoshop 软件；
- ProfileMaker 软件。

实验过程

（1）观察不同光源下的色板，体验色适应视觉感受。将 ColorChecker 色板 45°放置在灯箱中，首先使用灯箱中 D50 光源作为 ColorChecker 色板的照明光源，观察者在距离色板 60 cm 的距离先适应 1min，然后观察 ColorChecker 色板中各色块的色貌特点，记录下视觉感受；依次更换光源（A、CWF 光源）。重复以上步骤，比较并记录不同光源下视觉对色块颜色的感受。

（2）用 ProfileMaker 软件对相机做基础校正和特征化。

（3）用做好特征化的数码相机拍摄不同光源下 ColorChecker 色板（在灯箱内分别使用 D50、A、CWF 光源），拍摄距离与观察距离相同。

（4）在 Photoshop 中打开相机拍摄的不同光源下 ColorChecker 色板色块图像，并指定图像的配置文件为相机的 ICC。比较所拍摄的三幅图像，是否与在灯箱中观看的色块视觉感受一致。

（5）用 CS – 2000 测量三种光源下（D50、A、CWF 光源）ColorChecker 色板中每个色块的色度值，测量距离与观察距离相同。

实验记录与分析

（1）记录三种光源下 CS – 2000 测量的各色块色度值，并比较同一色块不同光源下其色度值的变化情况。

（2）结合主观观察实验的视觉感受结果，分析实验第（4）步中三幅图像，说明为什么不同的图像会产生相同的视觉效果。

（3）结合主观观察实验的视觉感受结果，分析实验第（5）步中测量的三个不同光源下各色块的色度值，说明为什么不同的色度值会产生相同的视觉效果。

讨论：不同光源下，色适应后视觉感受到的同一物体，其物体色是否会发生变化，其色度值是否会发生变化，为什么？

训练题

一、判断题

1. 家用的冷白荧光灯，由于蓝光成分多，而红光与黄光的成分少，所以日光灯的相对光谱能量曲线长波段值大。（　　　）

2. 色是光作用于人眼引起除形象以外的视觉特性。（　　　）

3. 图像色貌模型（Image Color Appearance Model，iCAM）包括了人眼空间和时间特性，可以预测复杂空间刺激的各种色貌感知，其基本框架与 CIECAM97 相同。（　　　）

4. 发光体的颜色是由所辐射的光谱成分共同决定的。（　　　）

5. 物体的颜色就是由反射（透射）出光线的光谱成分决定的。（　　　）

6. 人眼在感觉彩色时可以用三个特殊的物理量即色相、明度和饱和度（或纯度）来衡量。（　　　）

7. 在不同显示器白场下观看一幅画面时，眼睛能使彩色之间的相对关系保持一致属于色恒常现象。（　　　）

8. 色貌模型是任何一个至少包括对相对色貌属性明度、彩度、色相的预测。（　　　）

9. 孟塞尔明度值由 0 ~ 10，共 10 个在视觉上等距离的等级。（　　　）

10. 色适应模型（CAM）是指能够将一种光源下三刺激值变换到另一种光源下三刺激值而达到感知匹配的理论。（　　　）

二、选择题

1. 一个色貌模型至少包括色适应变换和计算_____属性的色空间。

 A. 对应色   B. 相关色   C. 基本色   D. 原色

2. 孟塞尔系统中把色彩立体水平剖面上的各个方向代表_____种孟塞尔色相（H），孟塞尔色相分为_____个主要色相和_____个中间色相。

 A. 5，5，5 B. 10，10，5 C. 10，10，10 D. 10，5，5

3. CIE CAM02 中，参考白点采用_____。

 A. 等能白   B. D50   C. D65   D. 自定义

4. 在 CIECAM02 色貌模型中，通过环境白场亮度和介质白场亮度的相对大小将照明环境分为_____类。

 A. 4   B. 3   C. 2   D. 1

5. 色貌观察条件的目标颜色刺激对应_____度的视场。

 A. 0   B. 2   C. 5   D. 10

6. 饱和度是指反射或透射光线接近_____的程度。

 A. 白色   B. 灰色   C. 黑色   D. 光谱色

7. 具有颜色_____的颜色称为记忆色。

 A. 对比性   B. 恒定性   C. 记忆性   D. 适应性

8. 通常需要_____个色貌属性才能完整地对色貌感知进行描述。

    A. 3   B. 4   C. 5   D. 6

9. CIE 公布 CIECAM02 后，_____被称为过渡性简单色貌模型。

    A. CIECAM97s   B. CIELAB   C. CIELUV   D. iCAM

三、问答题

1. 说明物体呈色的原理是什么，CIE 如何量化颜色感觉？

2. 什么是色貌模型，在印刷复制中如何应用？

项目二 印刷色彩的测量

任务一 物体色测量的几何条件

 教学目标

色彩的测量是印刷色彩控制的重要技术，理解色彩测量原理与测量颜色的方法，掌握印刷色彩测量技术。

能力目标

（1）掌握印刷色彩测量的原理。

（2）掌握不同样品的测量标准。

（3）掌握分光光度计测量反射色样的技术。

知识目标

（1）色彩测量原理。

（2）测量状态与标准。

无论采用什么方式描述色彩，彩色复制品工艺中都需要准确地获得色彩的数值，而准确的色彩数值往往不能通过人眼的直接观察而获得，因此在实际生产中人们通过专业的色彩测量仪器对色彩进行测量，从而得到准确的色彩数值。

一、测色原理

色彩测量实际上就是将人眼所产生的视觉感受，通过一定的测试手段转换成一定的数据来进行描述，并获得易于比较和控制的参数，其基本原理如图 2-1 所示。

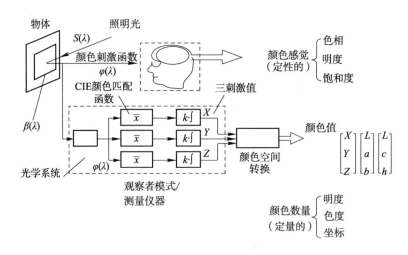

图 2-1 视觉检测与仪器测量的关系

二、测量状态与标准

1. 测量状态

ISO 13655，其最新发布的版本中定义了四种测量状态 M0，M1，M2，M3。

测量状态 M0 是使用历史最长的一种测量状态，其测量光源使用的相对光谱功率分布接近标准照明体 A，通过 ISO10526 中进行的规定。M0 测量状态用于测量印刷密度值与色度值，如今也被一些仪器用于测量颜色的光谱特征值。

M1 测量状态规定使用 D50 作为测量光源。该标准作为 ISO 标准中，专门针对测试材料中含有荧光增白剂的情况，通过使用标准的 D50 测量光源从而避免材料所发出的荧光对颜色测量结果的影响。在 ISO3664 标准中对 D50 光源的指标做了严格的说明。目前 M1 测量状态往往需要通过数据转换的方式实现，因此测量仪器达到 M1 测量状态的可能性还需要进一步努力。

M2 测量状态规定测量光源使用 400nm 以上的光源作为测量光源，其可将承印材料表面所含有的荧光增白剂的作用减去。

M3 测量状态为使用一个偏振片进行测量工作方式。当印刷品油墨没有完全干燥时，测量的印刷色密度值往往比干燥后的值大，此现象称为油墨的干裉现象。为了解决这一问题，测量仪器可以通过使用 M3 的测量状态得到相对准确的测量结果。

2. 待测物体的透射率和反射率因子

物体透射率定义为物体透射的辐通量与入射的辐通量之比。物体的光谱透射率的参照标准是空气，因为空气是理想透射体，在整个可见光谱波段内的透射率均为 1。通过将透射物体与同样厚度的空气层相比较而测得光谱透射率。因而只要测出物体透射的辐通量和入射的辐通量，就可得出光谱透射率。

1971 年 CIE 公布用完全反射漫射体作为测量不透明物体的光谱反射率因数率 β（λ）的参照标准。完全反射漫射体定义为反射率等于 1 的理想均匀漫射体，无损地全部反射入射的通量，且在各个方向具有相同的亮度。然后根据反射率等于 1 的理想均匀漫射体，标定合适的工作标准。用于测量物体反射率因数的工作标准又叫"标准白"。近年来，采用烟熏、压粉或喷涂的氧化镁（MgO）、硫酸钡（BaSO₄）白板作为标准白。

3. 测量的标准照明和观察条件

由于照明和观察条件对于光谱反射率因数测量的精确度和实测结果有一定影响，为了提高测量精度和统一测试方法，就有必要规定标准的照明和观察条件。CIE 在 1971 年正式推荐 4 种测色的标准照明和观察条件（图 2 − 2）。

（1）45°/垂直（45/0）。样品可以被一束或多束光照明，照明光束的轴线与样品表面的法线成 45°±5°。观察方向样品法线之间的夹角不应超过 10°。照明光束的任一光线和照明光束轴之间的夹角不应超过 5°，观察光束也应遵守同样的限制［图 2 − 2（a）］。

（2）垂直/45°（0/45）。照明光束的光轴和样品表面法线之间的夹角不应该超过 10°，在与样品表面法线成 45°±5°的方向观察。照明光束的任一光线和其光轴之间的夹角不超过 5°。观察光束也应遵守同样的限制［图 2 − 2（b）］。

（3）漫射/垂直（d/0）。用积分球漫射照明样品，样品的法线和观测光束轴之间的夹角不应超过 10°。积分球可以任意大小，但其开孔的总面积不能超过积分球内反射总面积的 10%。观察光束的任一光线和其轴之间的夹角不应超过 5°［图 2 − 2（c）］。

（4）垂直/漫射（0/d）。照明光束的光轴和样品表面的法线间的夹角不超过 10°，反射通量借助于积分球来收敛。照明光束的任一光线和其轴之间的夹角不超过 5°。积分球的大小可以随意，一般认为测色标准型积分球的直径是 200mm，但其开孔的总面积不能超过积分球内反射总面积的 10%［图 2 − 2（d）］。

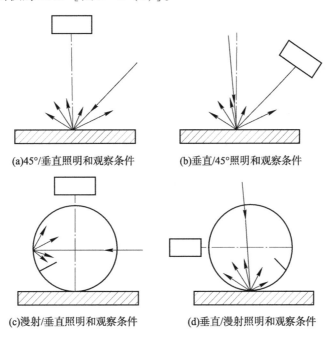

图 2 − 2　测量的 4 种照明和观察条件

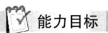

任务二　分光光度仪的使用

 教学目标

理解分光光度仪色彩测量原理与测量颜色的方法，掌握反射型颜色的测量技术。

能力目标

（1）掌握印刷色彩测量的原理。

（2）掌握不同测量标准对测量结果的影响。

（3）掌握分光光度仪测量反射色样的技术。

知识目标

理解分光光度仪色彩测量原理。

实验目的

了解颜色的色度测量原理，掌握分光光度仪的使用，分析不同测量标准对颜色测量结果的影响。

实验器材

- 颜色样本；
- 彩色分光光度仪。

实验步骤

（1）对彩色分光光度仪校正，使用标准白板，选择仪器的校正功能完成校正；

（2）设定不同的测量标准，测量同一色样，记录色样色度值（Lab）。

实验结果与分析

（1）不同标准光源下的测量结果。

	A			F			C			D		
	L^*	a^*	b^*	L^*	a^*	b^*	L^*	a^*	b^*	L^*	a^*	b^*
C												
M												
Y												

（2）D 标准光源不同色温下的测量结果。

	5000			6500			7500		
	L^*	a^*	b^*	L^*	a^*	b^*	L^*	a^*	b^*
C									
M									
Y									

（3）2°与 10°测量视角。

	C			M			Y		
	L^*	a^*	b^*	L^*	a^*	b^*	L^*	a^*	b^*
2									
10									

讨论：分析实验结果说明不同测量标准对颜色测量结果的影响。

训练题

一、判断题

1. ISO 13655，其最新发布的版本中定义了四种测量状态 M0，M1，M2，M3。（   ）

2. 印刷油墨密度值在干燥后会出现降低。（   ）

3. CIE 在 1971 年正式推荐 3 种测色的标准照明和观察条件。（   ）

4. 空气是理想透射体，在整个可见光谱波段内的透射率均为 1。（   ）

5. 完全反射漫射体定义为反射率等于 100 的理想均匀漫射体。（   ）

二、选择题

1. M1 测量状态规定使用_____作为测量光源。

    A. D50   B. D65   C. 等能白   D. 自定义

2. _____测量状态为减少因荧光而导致不同仪器之间测量结果的差异而定义。

    A. M0   B. M1   C. M2   D. M3

3. M2 测量状态规定测量光源使用_____的光源作为测量光源。

    A. 400nm 以上   B. 400nm 以下   C. 700nm 以上   D. 300nm 以下

4. 用积分球漫射照明样品，样品的法线和观测光束轴之间的夹角不应超过_____。

    A. 10°   B. 5°   C. 2°   D. 1°

5. 测色标准型积分球的直径是_____mm。

    A. 100   B. 200   C. 150   D. 250

三、问答题

1. 叙述颜色测量原理。
2. ISO 规定了几个测量状态，其用于哪些不同的测量情况下？
3. 什么是测量的标准白？
4. CIE 规定的标准照明条件与测量观察角度是什么？

项目三 彩色印刷品的评价

任务一 印刷原色控制

 **教学目标**

印刷品的品质标准是印刷生产控制与质量检测的依据，本部分通过介绍印刷工业中的 ISO12647 中印刷四色控制标准，说明实际生产中如何进行印刷四色色彩品质的控制与管理。

能力目标

（1）掌握彩色分光仪及测量软件的操作。

（2）掌握印刷品四原色色度测量技术。

知识目标

ISO12647 - 2 胶印实地 CMYK 四色指标。

一、印刷色的色度值

物体的色彩既取决于外界的刺激，又取决于人眼的视觉特性，因此色彩的定义应符合色彩的特点，也需要符合人眼的观察结果。为了标定颜色，CIE 首先根据许多观察者的视觉实验，确定了一组"标准色度观察者光谱三刺激值"，以此代表人类视觉的平均颜色特性，并用于 CIE 色度学计算和标定颜色。

传统印刷颜色控制系统中，由于在一定的波长下，光的吸收量与吸光材料的厚度成正比，或与吸光材料的浓度成正比，因此定义了密度指标，用于反映印刷品上油墨的厚度、浓度与印刷品质量的直接关系。当印刷油墨浓度保持不变时，影响印刷品色彩的主要因素就是印刷品上油墨转移的厚度。当油墨厚度达到一定标准时，油墨层对入射光的吸收才能较彻底，印刷品的光学密度也才能达到工艺标准，从而保证印刷品质量的稳定。

随着颜色测量与控制技术的不断发展，印刷颜色测量标准也进一步发展，ISO12647 系列标准将印刷实地四色控制的标准由密度定义，改为了色度控制。

二、彩色分光光度仪的使用

本部分以 X – Rite Eyeone/SpectroScan 仪器为例。

1. 仪器连接与校正

将电源线与分光光度仪的电源插孔连接，数据线与计算机的数据通信口（新款的分光光度仪多使用 USB 接口与计算机连接）连接。

打开仪器上的电源开关，保持仪器的状态指示灯为加亮状态。

使用仪器的校正白板，将其放置于测量仪器的测量头下方或者测量特定的校正区域。与密度计相同，每一仪器对应一个校正白板，校正前需要确定所使用白板的系列号与测量仪器的系列号一致；确定白板表面不要被污染，并保证测量仪器的测试区域与白板中心对应。通过应用程序的提示完成对仪器的校正。

2. 分光光度值的测量

分光光度仪有多种工作方式，手动测量或自动扫描测量方式。

工作时通过使用测量软件，根据测量软件的指示首先选择仪器的型号（如图 3 – 1 所示，如果所选择仪器型号与连接的仪器型号一致，则状态将显示"OK"），确定测量的数据是颜色的分光光谱值或是色度值（测量值为分光光谱值即在仪器连接窗口中勾选 Spectral，反之则表示测量结果为色度值）。

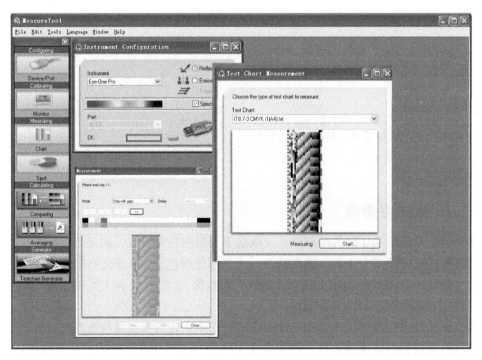

图 3 – 1　**MeasureTool** 测量工作界面

然后，需要在测量软件中定义测量所需要的色表（Test Target），此色表可选择测量软件中已经定义的常用标准色表，也可通过用户自定义（Custom）的方式定义测量的颜色数量，以及每色块采样测量的次数。之后测量软件将提示将仪器对准校正板进行校正。

校正完成后，测量时通过自动扫描方式时，仪器将根据色表的定位结果计算出每次移动测量头的位置，并测量读出测量结果；使用手动测量的方式则需要用手动的方式将测量头对准色块，并按下测量部分，完成测量。如图 3 - 1 所示为测量软件 ProfileMaker 中的 MeasureTool 驱动分光光度测量的工作界面。

任务二 印刷四原色测量实验

教学目标

理解颜色色度值测量原理与方法，掌握 C、M、Y、K 四原色色度测量技术。

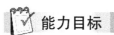

能力目标

C、M、Y、K 四原色色度测量技术。

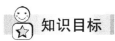

知识目标

理解颜色色度值测量原理与方法。

实验目的

掌握色彩测量仪器中分光光度仪及测量软件（MeasureTool）的使用与工作原理，掌握实验数据的分析与制图方法。

实验器材

- 彩色分光光度仪 Eyeone Pro；
- 专业测量软件（MeasureTool）；
- 数字存储介质（U 盘等）。

实验步骤

（1）使用图像软件制作 CMYRGB，从 100% 实地到 0 的色阶表（如图 3 - 2 所示，彩色效果见彩插）；

（2）连接分光光度仪至电脑 USB 接口；

（3）运行 MeasureTool 程序；

（4）正确设定测量仪器、色块数量与测量方式等参数；

（5）使用测量仪器正确定位，并测量色样上色块的色度值；

（6）将测量结果用 Office 软件进行计算与绘制 a–b 色度分布图。

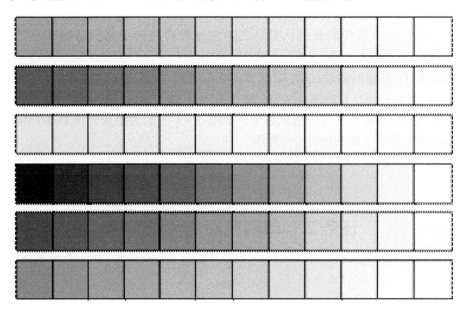

图 3 – 2　**CMYRGB 色阶**

实验结果与分析

		1			2			3			4			5			6			7			8			9			10			11			12		
	L	a	b	L	a	b	L	a	b	L	a	b	L	a	b	L	a	b	L	a	b	L	a	b	L	a	b	L	a	b	L	a	b	L	a	b
C																																				
M																																				
Y																																				
R																																				
G																																				
B																																				

将测量数据绘制在 a–b 色坐标系中，使用 Spider 图示（使用 Excel 软件）。

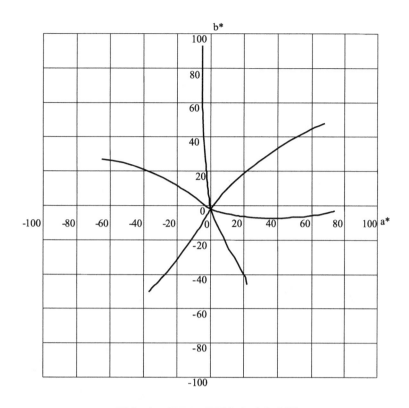

图 3 - 3　CMYK 四原色色阶色度图

讨论：

（1）同一张印刷品上不同位置的实地色的密度值与色度值相同吗？为什么？

（2）请分析进行印刷机控制实地色时使用密度值方便，还是使用色度值方便？

任务三　网点面积率及控制

教学目标

印刷品的品质标准是印刷生产控制与质量检测的依据，本部分通过介绍印刷工业中的 ISO12647 中印刷网点控制标准，说明实际生产中如何进行印刷网点增大的控制与管理。

能力目标

掌握印刷品网点增大的特征指标，以及测量与分析能力。

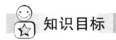 知识目标

（1）印刷网点增大的特征。

（2）印刷网点增大的测量与分析。

一、印刷网点与网点增大

网点是油墨附着的基本单位，起着传递阶调、组织色彩的作用。网点增大指的是印刷在承印材料上的网点相对于分色片上的网点增益。网点增大在不同程度上对于印刷品都有损害，破坏画面平衡。但是由于技术上和光线吸收的原因，没有网点增大的印刷是不可能的（图3-4）。

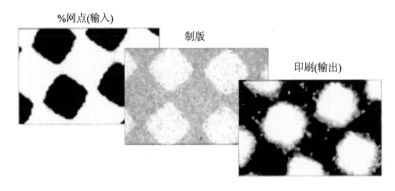

图3-4　网点在印刷工艺中传递的状态

印刷生产控制的目标之一就是为所有印刷机按纸张分组而规定相应的网点增大标准，并在制作胶片时考虑这个网点增大标准值，从而通过工艺补偿进行网点增大控制，实现印刷图像色彩与阶调复制的理想结果。为了准确地获得网点标准，需要对印刷网点的增大进行测量。

网点增大的测量通常是在具体的印刷材料、设备器材和理想印刷压力条件下，用晒有网点梯尺与包含有实地、50%、75%网点内容的测试条（如布鲁那尔测试条）和任一图像画面的印版印出数张样张。印刷时要保证每张样张网点整洁、实在、无重影变形。然后，用反射网点密度计分别测出各样张的四色实地密度，50%与75%处的印刷网点面积率。最后将印刷网点与50%或75%求差值，即可测量网点增大值。

二、网点增大计算（TVI）

1. 基于密度值的网点增大

在实际印刷过程中，不论用哪种方法来计算颜色，都应该先对网点增大进行修正。网点增大是对印刷颜色影响最大的因素。通常，在计算印刷网点面积和网点增大量时使用密度计算法，也就是要使用玛瑞—戴维斯（Murray - Davies）公式：

$$a = \frac{1 - 10^{-Dt}}{1 - 10^{-Do}} \tag{3-1}$$

或尤拉—尼尔森（Yule - Nielson）公式：

$$a = \frac{1 - 10^{-\frac{Dt}{n}}}{1 - 10^{-\frac{Do}{n}}} \tag{3-2}$$

式中　　a——色调密度为 D_t 时的单色原色油墨网点面积率；

　　　　D_o——为印刷实地密度。

因此，用密度值控制印刷的条件非常方便。计算网点增大，则再使用定义的值与 a 计算的结果相减就可以得到。

2. 基于三刺激值的网点增大

ISO/TC10128 标准的规定，网点增大值（TVI，Tone Value Increase）可以通过测量一系列色阶的三刺激值，结合实地四色三刺激值计算得到。

$$黑色与品红色网点增大值 = 100\left(\frac{Y_P - Y_t}{Y_P - Y_S}\right) - TV_{Input} \tag{3-3}$$

$$黄色网点增大值 = 100\left(\frac{Z_P - Z_t}{Z_P - Z_S}\right) - TV_{Input} \tag{3-4}$$

$$青色网点增大值 = 100\left[\frac{(X_P - 0.55Z_P) - (X_t - 0.55Z_t)}{(X_p - 0.55Z_p) - (X_S - 0.55Z_S)}\right] - TV_{Input} \tag{3-5}$$

式中　　X_P，Y_P，Z_P——纸张的三刺激值；

　　　　X_S，Y_S，Z_S——实地青色，品红色与黄色，黑色的三刺激值；

　　　　X_t，Y_t，Z_t——不同阶调的四色色阶三刺激值。

任务四　网点增大的测量与计算实验

教学目标

掌握测量各单色色阶的三刺激值，并利用三刺激值计算印刷网点增大量，评价印刷质量控制。

能力目标

（1）掌握测量颜色三刺激值的方法。

（2）掌握利用三刺激值计算印刷网点增大量。

知识目标

理解印刷网点增大及其控制。

实验目的

掌握色彩测量仪器中分光光度仪及测量软件（MeasureTool）的使用，掌握使用分光光度计测量颜色的 XYZ 三刺激的方法，以及利用颜色三刺激值计算印刷网点面积率的方法，掌握实验数据的分析与制图方法。

实验器材

- 11 阶的 CMYK 印刷色阶梯度图；
- 彩色分光光度仪 Eyeone Pro；
- 专业测量软件（MeasureTool）；
- 数字存储介质（U 盘等）。

实验步骤

（1）连接分光光度仪至电脑 USB 接口。

（2）运行 MeasureTool 程序。

（3）正确设定测量仪器、色块数量、测量方式等参数。

（4）使用测量仪器正确定位，并测量色样上色块的 XYZ 色度值。

（5）将测量结果用 Office 软件进行计算并绘制网点扩大曲线（TVI）色度分布图。

实验结果与分析

测量色表 CMYK 上的色块的三刺激值，选出相应的单色阶调值并记录。

	Cyan	Cyan	Cyan	Magenta	Yellow	Black
	X	Y	Z	Y	Z	Y
0%						
10%						
20%						
30%						
40%						
50%						
60%						
70%						
80%						
90%						
100%						

利用三刺激值计算分析印刷品的 TVI 值，并绘制 TVI 曲线。

	C TVI	M TVI	Y TVI	K TVI
0%				
10%				
20%				
30%				
40%				
50%				
60%				
70%				
80%				
90%				
100%				

绘制 TVI 曲线。

讨论：说明三刺激值计算分析印刷品的 TVI 值的公式方法。

任务五　色差控制

教学目标

本部分通过介绍印刷工业中使用色差与色差计算方法来分析印刷品色彩控制，说明实际生产中通过色差分析彩色印刷的品质。

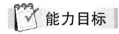 **能力目标**

掌握色差的计算方法与测量分析。

知识目标

（1）色差与色差计算。
（2）印刷色彩色差的分析与测量。

一、色差

色差是指用数值的方法表示两种颜色给人色彩感觉上的差别。色差是检验标准颜色和测量颜色之间的数值差别。颜色色差包含一些彩色样品（输出的颜色）和已知标准颜色（输入色或技术要求色）测量值的比较，这样可判断样品与标准的接近程度，若样品的测量数据与标准值相比不够理想，则需要对设备和印刷过程进行调整。

二、色差的计算方法

1. CIE $L^*a^*b^*$ 色差方法

CIE 国际照明委员会在 CIE1976 $L^*a^*b^*$ 色度系统下推出了色差计算公式，此色差计算公式现在已成为世界各国正式采纳的国际通用的测色标准，它适用于一切光源色或物体色的表示与计算。

若两个色样样品都按 CIE$L^*a^*b^*$ 标定颜色，则两者之间的总色差 $\Delta E*_{ab}$ 以及各项单项色差可用下列公式计算：

总色差：$\Delta E_{ab}^* = \sqrt{(\Delta L_{ab}^*)^2 + (\Delta a_{ab}^*)^2 + (\Delta b_{ab}^*)^2}$

明度差：$\Delta L_{ab}^* = L_{ab样品}^* - L_{ab标准}^*$

色度差：$\Delta a_{ab}^* = a_{ab样品}^* - a_{ab标准}^*$；$\Delta b_{ab}^* = b_{ab样品}^* - b_{ab标准}^*$

彩度差：$\Delta C_{ab}^* = C_{ab样品}^* - C_{ab标准}^*$ 　　　　　　　　　　　　　（3－6）

色相角差：$\Delta H_{ab}^° = H_{ab样品}^° - H_{ab标准}^°$

色相差：$\Delta H_{ab}^* = \sqrt{(\Delta E_{ab}^*)^2 - (\Delta L_{ab}^*)^2 - (\Delta C_{ab}^*)^2}$

2. CMC

在 1976 年以前，主要是基于孟塞尔数据与麦克亚当数据的色差公式的发展。它们的观察条件和工业中的观察条件差别很大，基于这一点，又公布了许多实验结果。CMC 色差公式是在 CIELAB 公式基础上，在典型的光源观察条件下得到的大表面现象样本，中等到小的色差数据集下，对 CIELAB 色差公式进行改进后的结果。

CMC 色差公式为：

$$\Delta E = \sqrt{\left(\frac{\Delta L^*}{l \cdot S_L}\right)^2 + \left(\frac{\Delta C_{ab}^*}{c \cdot S_c}\right)^2 + \left(\frac{\Delta H_{ab}^*}{S_H}\right)^2} \qquad (3-7)$$

其中 ΔL^*，ΔC_{ab}^*，ΔH_{ab}^* 由 CIE1976LAB 色差公式计算得到，S_L，S_c，S_H 分别为明度、

彩度和色相加权函数，用于调整不同明度、不同彩度和不同色相对色差的贡献大小。l 与 c 为参数因子，用于调整不同的观察条件对色差的影响大小。

$$S_L = \begin{cases} \dfrac{0.040975\, L^*_{\text{std}}}{1 + -0.01765\, L^*_{\text{std}}} & (L^*_{\text{std}} \geq 16) \\ 0.511 & (L^*_{\text{std}} < 16) \end{cases} \qquad (3-8)$$

$$S_C = \dfrac{0.638\, C^*_{ab,\text{std}}}{1 + 0.013\, C^*_{ab,\text{std}}} + 0.638 \qquad (3-9)$$

$$S_H = S_C(Tf + 1 - f) \qquad (3-10)$$

$$f = \sqrt{\dfrac{{C^*_{ab,\text{std}}}^4}{C^*_{ab,\text{std}} + 1900}} \qquad (3-11)$$

$$T = \begin{cases} 0.36 + |0.4\cos(h_{ab,\text{std}} + 35| & (h_{ab,\text{std}} < 164° \text{ 或} h_{ab,\text{std}} > 345°) \\ 0.56 + |0.2\cos(h_{ab,\text{std}} + 168| & (164° \leq h_{ab,\text{std}} \leq 345°) \end{cases} \qquad (3-12)$$

l、c 值的选用方法为：对色差的"可感知"目视鉴定资料，可取 $l = c = 1$；而对色差的"楞接受性"目视鉴定资料，则可取 $l = 2$，$c = 1$。下标"std"表示此量为标量。

CMC 没有新的颜色空间，它描述颜色色差的系统是建立在 CIE $L^*a^*b^*$ 色彩空间基础上的，CMC 对色差的计算方法是沿着椭圆的色彩空间（图 3 -5），椭圆由含有与色相、饱和度、亮度一致的半轴组成，它表示与标准相比可接收的区域，这与 CIE $L^*a^*b^*$ 色差"球"定义认可接受色差的方法类似。

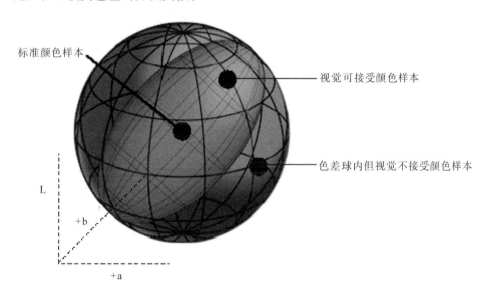

图 3 -5　CMC 容差球

在 CMC 系统中，椭圆的大小及变化与色彩空间的位置有关。如在橙色范围内椭圆是窄的（细长），而在绿色范围内，椭圆是宽的（扁圆）；而且在彩度高的范围内的椭圆（如黄、红区）大于彩度低的范围内的椭圆（如蓝色区）。

3. CIE2000 色差

为了进一步改善工业色差评价的视觉一致性，CIE 专门成立了工业色差评价的色相和明度相关修正技术委员会 TC1－47（Hue and Lightness Dependent Correction to Industrial Color Difference Evaluation），经过该技术委员会对现有色差公式和视觉评价数据的分析与测试，在 2000 年提出了一个新的色彩评价公式，并于 2001 年得到了国际照明委员会的推荐，称为 CIE2000 色差公式，简称 CIEΔE2000。其公式为式 3－13。

$$\Delta E_{00}^* = \left[\left(\frac{\Delta L'}{k_L S_L}\right)^2 + \left(\frac{\Delta C'}{k_C S_C}\right)^2 + \left(\frac{\Delta H'}{k_H S_H}\right)^2 + R_T \left(\frac{\Delta C'}{k_C S_C}\right)\left(\frac{\Delta H'}{k_H S_H}\right) \right]^{1/2} \quad (3-13)$$

式中

$$\begin{cases} \Delta L' = L'_1 - L'_2 \\ \Delta C' = C'_1 - C'_2 \\ \Delta h' = h'_1 - h'_2 \qquad \left[h' = \arctan\left(\frac{b'}{a'}\right) \right] \\ \Delta H' = 2\sin\left(\frac{\Delta h'}{2} \sqrt{C'_1 C'_2}\right) \end{cases} \quad (3-14)$$

$$\begin{cases} L' = L^* \\ a' = a^*(1 + G) \\ b' = b^* \\ G = 0.51 - \sqrt{\dfrac{\overline{C_{ab}^{*7}}}{\overline{C_{ab}^{*7}} + 25^7}} \; (\overline{C_{ab}^*} \text{是两个样品彩度的算术平均值}, C' = \sqrt{a'^2 + b'^2}) \end{cases}$$

$$(3-15)$$

$$\begin{cases} S_L = 1 + \sqrt{\dfrac{0.0015(L'-50)^2}{\sqrt{20+(L'-50)^2}}} \\ S_C = 1 + 0.045\,\overline{C'} \\ S_H = 1 + 0.015\,\overline{C'}\,T \\ T = 1 - 0.17\cos(\overline{h'}-30) + 0.24\cos(2\,\overline{h'}) + 0.32\cos(3\,\overline{h'}+6) = 0.20\cos(4\,\overline{h'}-63) \end{cases}$$

$$(3-16)$$

其中，$\overline{L'}$ 为两样品 L'_1，L'_2 的算术平均值；$\overline{C'}$ 为两样品 C'_1，C'_2 的算术平均值；$\overline{h'}$ 为两样品 h'_1，h'_2 的算术平均值。

$$R_T = -\sin(2\Delta\theta) R_G \qquad \left[\Delta\theta = 30\,e^{-\left(\frac{\overline{h'}-275}{25}\right)^2}, R_G = 2\sqrt{\frac{\overline{c'^7}}{\overline{c'^7} + 25^7}} \right] \quad (3-17)$$

CIEΔE2000 是到目前为止最新的色差公式，该公式与 CIE1976 相比要复杂得多，同时也大大提高了精度。目前一些新型的测量仪器都提供了 CIE2000 色差测量功能，ISO 新标准中也推荐使用此色差公式。CIEΔE2000 是到目前为止最新的色差公式，该公式与 CIE1994 相比要复杂得多，同时也大大提高了精度。目前一些新型的测量仪器都提供了 CIE2000 色差测量功能。ISO12647 标准也于 2010 年开始推荐使用 CIE2000 色差作为评价印刷品色彩质量的计算方法。

任务六 色差计算与比较实验

 **教学目标**

理解不同的色差计算方法对颜色差距评价的影响，掌握基本色差计算与测量方法。

能力目标

掌握基本色差计算与测量方法。

知识目标

理解不同的色差计算方法对颜色差距评价的影响。

实验目的

掌握不同色差公式的计算方法，比较不同色差计算值对于颜色差距的评价效果。

实验器材

- Color Checker 标准色卡（24 色）；
- 彩色分光光度仪 Eyeone Pro；
- 专业测量软件（MeasureTool）；
- 数字存储介质（U 盘等）。

实验步骤

（1）连接分光光度仪至电脑 USB 接口。

（2）运行 MeasureTool 程序。

（3）正确设定测量仪器、色块数量、测量方式等参数。

（4）使用测量仪器正确定位，并分别两次测量同一色块不同位置的 Lab 色度值。

（5）将测量结果用 Office 软件进行色差计算。

（6）比较不同色差计算方法的结果。

实验结果与分析：

	1	2	3	4	5	6	7	8	9	10	11	12	13	14	15	16	17	18	19	20	21	22	23	24
$\Delta E76$																								
$\Delta ECMC$																								
$\Delta E00$																								

训练题

一、判断题

1. 使用 MeasureTool 测量的颜色数据时颜色的分光光谱值测量，需要在仪器连接窗口中勾选 Spectral。（　　）

2. 使用颜色测量仪器前需要先用标准白板对其进行校正。（　　）

3. 使用 X–RITE500 系列分光密度仪可以测量样本的色度值。（　　）

4. CMC 对色差的计算方法是沿着椭圆的色彩空间，椭圆由含有与色相、饱和度、亮度一致的半轴组成。（　　）

5. 印刷颜色测量中采用 10°视角的测量标准。（　　）

二、选择题

1. 在 CMC 色差系统中，椭圆的大小及变化与颜色在色彩空间的_____有关。
   A. 多少　　　　　　　B. 大小　　　　　　　C. 强度　　　　　　　D. 位置

2. CIELAB 色差公式主要是基于_____数据与麦克亚当数据的色差公式的发展。
   A. 孟塞尔　　　　　　B. 印刷色谱　　　　　C. 自然色空间　　　　D. CIE

3. ISO/TC10128 标准的规定，网点增大值（TVI，Tone Value Increase）可以通过测量一系列色阶_____计算得到。
   A. 三刺激值　　　　　B. LAB 值　　　　　　C. 密度值　　　　　　D. 网点面积率

4. 网点增大的测量通常是在具体的印刷材料、设备器材和理想印刷压力条件下，用晒有网点梯尺与包含有_____网点内容的测试条。
   A. 实地、40%、75%　　　　　　　　　　B. 实地、50%、75%
   C. 实地、50%、80%　　　　　　　　　　D. 实地、60%、80%

5. 已知：青 50%的色度值 XYZ 为 42，49，62，纸张的 XYZ 色度值为 84，88，75，青实地 XYZ 色度值为 15，23，53，则 50%的青网点增大为_____。
   A. 5%　　　　　　　　B. 10%　　　　　　　C. 15%　　　　　　　D. 20%

三、问答题

1. 什么是网点增大，为什么在印刷复制中会出现网点增大？

2. 什么是色差，目前印刷工业复制中采用的色差测量方式有哪些，各有何不同？

模块二

印前完稿的色彩控制

项目四　数字印前系统与色彩管理

任务一　印前色彩复制流程

 教学目标

数字图像是印刷图像复制的基础，理解印刷色彩复制原理与工艺流程，为后序的数字图像色彩控制技术打基础。

 能力目标

理解印刷色彩复制流程与构成。

 知识目标

(1) 印前色彩复制原理。

(2) 印刷分色、传递与合成原理。

现代印刷色彩复制系统（图4-1）中，图像的输入主要采用扫描仪或数码相机等设备将数字信息输入到工作站，制作人员按照设计人员的要求，通过工作站将处理后的图像、图形和文字组合成一幅完整的页面，页面信息在数字工作流程中进行页面解释、加网等处理，并控制打印机、直接制版机或数字印刷机等输出设备。

从颜色复制理论看，印刷色彩复制分三个过程：颜色分解、颜色传递和颜色合成（如图4-2所示，彩色效果见彩插）。

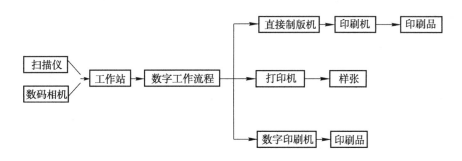

图 4 - 1 印刷色彩复制系统

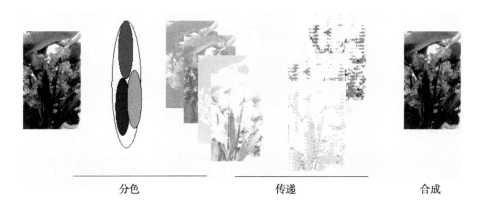

图 4 - 2 印刷色彩复制

一、颜色的分解

颜色分解就是利用照相或电子扫描技术，把彩色原稿中 R、G、B 三色信息从混合状态中分解开来，并形成独立的分量表示出来，这个过程在印刷工艺中称为分色。分色根据减色法的原理，用红、绿、蓝三原色滤色片对图像上的颜色进行分解得到分离的 R、G、B 信息。

在分色环节，影响印刷颜色复制准确性的因素主要是用于分色的光源和滤色片的性能。颜色分解过程要求光源的光谱要全，否则就会形成分色误差。如光源的光谱分布中红光较多，分色时光源照射原稿就会造成原稿偏红。滤色片是照相分色、电子分色的主要光学器件。从理论上来说，理想的滤色片应该全部透过与滤色片颜色相同的色光，而全部吸收另两种原色光。但实际上所有的滤色片都不能达到理想程度，而存在吸收部分透过的光线，而透过该完全吸收的光线，因此产生分色误差。

二、颜色的传递

在传统印刷复制工艺流程中，彩色原稿中的 R、G、B 信息经分色过程转换为 C、M、Y、K 信号并以网点的形式被记录到胶片上后，颜色信息的传递就主要靠网点的传递来进行。现代复制流程中，分色后得到的原稿颜色信息被记录到计算机中，通过计算机数据通信方式在不同的印刷设备间传递。每种设备的呈色原理、特点各不相同，颜色信息在各个设备间传递的过程中进行色彩转换。

三、颜色的合成

当 C、M、Y、K 四色信息以网点形式传递到印版上后，就可以通过印刷机印刷完成颜色的合成了。不同色彩的网点经过一定形式组合后，会产生各种不同的色觉。印刷品各处颜色的浓淡与该处油墨网点面积率成比例，印刷工艺中的颜色合成过程中，油墨、纸张等材料对色彩的影响是非常大的，而油墨更是决定性因素。

任务二　数字印前的色彩管理

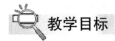

教学目标

印前处理是印刷图像复制的基础，掌握色彩管理的工作原理与基本色彩管理的工作方法。

能力目标

掌握色彩管理的 3C。

知识目标

掌握色彩管理基本原理。

一、色彩管理基本原理

印刷色彩复制的核心是数字图像的正确还原，目前印刷流程中控制各设备间颜色一致再现与传递的技术就是印刷的色彩管理技术。早在 20 世纪 70～80 年代彩色桌面印前系统（Color Electronic Prepress Systems，CEPS）出现之初，色彩管理的概念已经被采用。1993年由几个大电脑及电子影像发展商组成了国际色彩联盟（International Color Consortium，ICC），就解决新产品之间色彩管理兼容性的问题，制定了统一的色彩管理标准与色彩转换标准，任何输入或输出设备支持这种标准，则设备间便可做准确的色彩转换，从而实现彩色复制中的色彩控制，即现代色彩管理系统。

在整个彩色复制工艺流程中，人们所涉及的设备都具有各自独特的表现色彩能力与方式，即不同的设备色彩模式与色域范围，现代色彩管理的主要目的就是实现不同设备间色彩模式的转换，以保证同一图像色彩从输入、显示、输出中所表现的颜色尽可能匹配，最终达到原稿与复制品的色彩一致，实现彩色复制的所见即所得。

为了保证色彩效果的一致，现代色彩管理系统以既定的标准为依据，精确检测、定义从输入到输出影响色彩变化各环节因素的色彩特性描述文件，称为色彩特性文件，取得相关设备呈现颜色特征的数据，通过独立于作业系统之外的标准色彩空间，即 CIEXYZ 或 CIELab 色空间，进行分析运算，产生准确的彩色输出信息，从而整体解决各环节因素所造成的一系列偏色问题（图 4－3）。

二、色彩管理的3C

现代色彩管理系统通过"3C"控制，即设备校正（Calibration）、特征化（Characterization）和色彩转换（Conversion），其代表了色彩管理技术实施的三个重要环节。

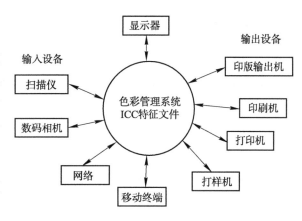

图4－3 色彩管理工作原理

1. 设备校正

设备校正也称为设备最佳化，即使工作设备处理正常与最佳的工作状态的手段与方法。正如，使用测量仪器时，必须校正以确保测量结果的准确；使用设备前也需要通过一系列的调整，使设备达到最佳状态，以确保工作的顺利与准确。对于色彩管理而言也是如此，色彩复制技术中所使用的设备如果不能正常工作，则会使色彩复制的结果无法预知与控制，因此进行色彩管理技术的第一个首要工作，就是对相应的设备进行校正。

2. 设备特征化

设备色彩特征化是色彩管理系统工作的基础。印前系统中所使用的每一种设备都具有它自身的色彩描述特性，为了进行准确的色彩空间转换和色彩匹配，必须对系统设备进行特征化处理。针对不同的设备，通常采用不同的特征化方法。通过设备特征化可以确定设备表达与再现的色彩范围，并获得设备特征文件。

3. 色彩转换

色彩转换是将色彩从一种色彩空间转变成另一种色彩空间的过程。色彩转换方式是调整转换后的色彩，使颜色从一种色彩空间到另一种色彩空间的转换过程中能达到最大相似值的方法。不同的设备（扫描仪、显示器、印刷机）在不同色彩空间中工作且每个设备所能产生的色彩范围各有不同。例如：彩色显示器制造商使用 RGB 色彩，而印刷机采用 CMYK 的色彩空间，因此它们的呈色范围各不相同；同时使用不同的印刷技术，即使同一台印刷机的色彩范围也会因使用的油墨或纸张的不同而有很大差别。色彩转换技术就是解决此类问题的方法。

任务三　印前输入设备的色彩管理

教学目标

印前输入系统是数字图像输入彩色印刷复制流程的入口，输入设备对色彩的控制性能直接影响了色彩复制的结果。本任务通过印前数码相机与扫描仪的校正、特征化等技术，实现印前输入系统的色彩管理。

能力目标

（1）掌握印前数码相机的校正与特征化技术方法。

（2）掌握印前扫描仪的校正与特征化技术方法。

知识目标

印前输入设备色彩管理技术。

一、输入设备的校正

印前输入设备主要包括数码相机与扫描仪。

1. 数码相机

数码相机作为彩色输入设备，其采集的信号多来自于彩色物体本身，其工作时采用外部光源进行照明，光源可能是直接的阳光，或多云天气的日光，家里的白炽灯光，或办公室里的荧光灯等。此时这些自然光在光谱分布和强度上可能有很多变化，各种问题都可能影响彩色输入信号的质量。因此，对数码相机校正需要首先确定其拍摄时的光源条件，并在光源稳定的条件下才能进行校正。

数码相机的校正通过白平衡与 Gamma 值调整来完成。白平衡为调整相机红、绿、蓝三通道 CCD 的最大输出工作电压，并使三通道的信号等量合成后产生中性色信号。Gamma 值影响彩色输入图像亮调与暗调的效果，以及对比度和层次。

2. 扫描仪

大多数扫描仪在出厂时已校正好，但由于制造条件的差别、扫描光源色温的变化、新旧程度等都会影响扫描仪的指标，因此需要对扫描仪进行定期校正。

不同厂家生产的产品都有其独特的色彩校正系统，专业扫描系统都带有自动校正功能，如 MICROTEK 的 DCR（Dynamic Color Rendition）动态色彩校正软件；爱克发的 Foto-Tune 色彩管理软件；柯达公司的色彩管理系统 KCMS；清华紫光的 Image Calibration 色彩管理软件等。通过此类软件，与扫描仪内置的校正装置自动进行色彩补偿，有效地调整扫描仪的信号标准，使扫描仪达到白平衡。

扫描校正需要观察扫描所得的标准色表的图像是否出现色彩与层次的损失，即如果在扫描的标准色表图像中出现最亮的色彩区的红、绿、蓝三色信号全为255（图4-4），或出现最暗的色彩区的红、绿、蓝三色信号全为0（图4-4），则扫描仪校正结果不理想；同时，观察扫描获得的图像的直方图中是否出现明显的层次损失与并级（图4-4），如果存在则说明扫描仪工作不正常，需要对扫描仪进行维修或重新校正。

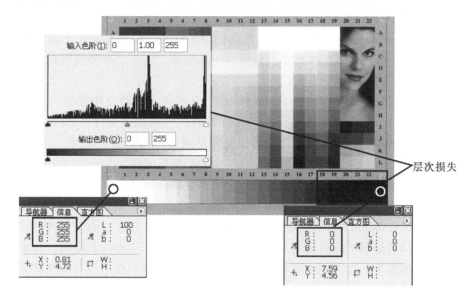

图4-4　扫描校正时不正确的扫描图像效果

二、输入设备的特征化

输入设备特征化处理的过程大体如下，首先正常设定扫描或拍摄工业标准色彩标准透射色表（IT8.7/1）、反射色表（IT8.7/2）以及标准色表板 ColorChecker，扫描或拍摄时应该关闭输入设备系统所自带色彩管理或色彩匹配功能，输入图像采用 RGB 的色彩模式，保存为 TIFF 文件格式，并且不能进行图像压缩。然后专业软件再对比输入图像的各小色块之值与用色度计测量标准色表的 CIE 色度值，从而确定输入设备的色彩特征，并建立输入设备的颜色值与 CIE 色度系统的对应关系，从而获取输入设备的特征文件。

1. 输入设备特征化标准色表

工业标准色彩标准透射色表（IT8.7/1）、反射色表（IT8.7/2）以及标准色板 Color-Checker DC 是输入设备特征化的必备工具。其中透射和反射色表的 IT8.7/1 和 IT8.7/2 是美国国家标准协会（ANSI）的图像技术委员会所开发的。这些标准色表包含264个彩色色块与中性灰色色块，分别代表该相纸与胶片材质能表现的色彩。现在这些标准色表已经通过 ISO 12641—1997 认证，成为色彩管理的标准色样。

ColorChecker DC 是 GretagMacbeth 公司提供的一个特别为数码影像行业设计的颜色测量标准色板，整张色表的尺寸是 8.5″×14″（21.59cm×35.56cm），中心有一个尺寸是 2.8cm×2.8cm 白色色块。它包含237个颜色块，其中包括灰阶和位于中心的白色块一共有177个颜色，高光泽色样品的色相包括原色红、绿、蓝，黄、品红、青、黑和白，四周为黑色、灰色和白色的控制色块，每个色块都以 Munsell 坐标、CIE 色度坐标与 ISCC - NBS 名称数据进行了标注。使用者能用它测量和还原数码复制品的真实色彩场景，为数码相机制作白平衡，用此表和创建特性文件的软件相结合还能创建数码相机的 ICC 特性文件。

2. 输入设备特征化（以 ProfileMaker5. 10 为例）

（1）数码相机的特征化。

①拍摄 ColorChecker 色板。在正常的曝光与拍摄条件下，将相机固定于垂直色板的位置，清晰地对焦，使色板图像充满整个取景区，正常拍摄。注意，不要使用相机的广角与变焦，以防止色板的拍摄图像变形。

②选择参考数据与测试条。运行 ProfileMaker5. 10 软件，然后点击相机（Camera）的按钮，打开设置窗口。选择参考数据（Reference Data）与测试条文件（Photographed Test Chart），测试条文件即拍摄的图像文件，可以是 8 位或 16 位的 TIFF 文件，或者 JPEG 文件。注意，同样的参考文件必须与测试条文件是同一个色板文件。

③剪切测试条文件。剪切测试条的目的是为了在处理色板图像时，软件能够分辨出色板图像的范围。剪切图像可以通过 ProfileMaker 软件，也可通过其他图像编辑软件进行。注意，进行剪切时，对于 IT8 图像文件剪切时必须包括灰梯部分；而对于专用的 Color-Checker DC 图像则需根据不同的目的与所选择的参考文件的不同而各不相同，如果选用了 ColorChecker DC 的参考文件，则需要保证剪切区内包含彩色色表而不包括灰梯部分，如果所选择的参考文件为 ColorChecker DC with gray bars 的参考文件则必须包括彩色色表与灰梯两部分。

注意，剪切拍摄图像时软件会对拍摄的图像进行检测，如果软件提示图像的曝光等质量不佳时，需要正确调整数码相机并对色板再次拍摄。

另外，剪切图像时，必须保证剪切边界与图像边界完全重合，即对齐软件提供的四个十字角线。否则图像将会因剪切不准确而产生色彩计算误差，影响设备特征文件的准确性。

④正确设置参数。设置相片用途（Photo Task），其中包括通常用途（General Purpose）、户外（Outdoor）、人物相片（Portrait Photography）、产品相片（Product Photography）、黑白相片（Black and White）、复制品（Reproduction）与用户自定义（Custom）。用户可以根据数码相片的主要用途进行选择，其中相片用途选项（Photo Task Option）对话框（图 4 - 5）可以了解具体的参数设定。

相片用途选项包括灰平衡（Gray Balance）、曝光补偿（Exposure Compensation）、饱和度与对比度（Saturation and Contrast）、专色（Spot Color）。

⑤设置光源。根据用户的实际用途可以选择不同的光源，其中包含印刷用的标准光源 D50 与 D65，以及在日常生活中常用的一些光源。用户还可以自己测量拍摄环境的光源，然后打开（Open）光源文件，进行实际场景的模拟。

⑥计算设备特征文件。点击开始（Start），计算特征文件。计算完成后将文件保存成后缀为 ICC 的特征文件。

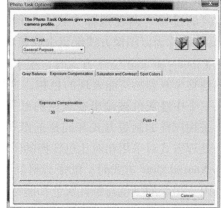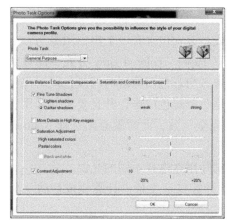

图 4-5　相片用途选项（Photo Task Option）对话框

（2）扫描仪特征化

①扫描色表。预热扫描仪 30 分钟，使设备工作稳定。将标准色表 IT8.7/2 端正地放置于扫描平台上，使用扫描软件设置扫描分辨率为 300dpi，色彩模式 RGB，等待扫描标准色表文件，并将扫描后的色表图像文件保存为不带压缩的 TIFF 格式。注意，扫描过程中需要关闭扫描软件自带的色彩校正与调整功能。

②选择参考数据文件（Reference Data）与测量数据文件（Measurement Data）。运行 ProfileMaker5.0 软件，然后点击扫描仪（Scanner）的按钮，打开设置窗口。选择参考数据（Reference Data）与测量数据文件（Measurement Data），测量数据文件即扫描的图像文件，可以是 8 位或 16 位的 TIFF 文件，或者 JPEG 文件。注意，同样的参考文件必须与测量数据文件是同一个色表文件。

③剪切测试条文件。按照色表图像的区域进行剪切，以确定色表图像文件的准确范围。

④正确设置文件尺寸（Profile Size）。特征文件尺寸设置时，通常设置为中等。对于高质量要求，或不带线性化功能的扫描仪，采用大型的特征文件。特征文件的尺寸为中等的特征文件采用矩阵处理模式进行颜色转换。

⑤正确设置视觉转换意图（Perceptual Rendering Intent）。视觉转换意图（Perceptual

51

Rendering Intent）设置中性灰处理方式将决定颜色转换的计算。通常在该软件中进行中性灰处理方式的设置有两种选择方式，一种称为以纸张方式保留中性灰（Paper-colored Gray）；另一种称为以图像方式保留中性灰（Neutral Gray）。

选择 Paper-colored Gray 方式时，用于扫描或拍摄的测试条底色或者打印用的纸张底色会影响到整个复制品所能表现的色相，这样往往会引起图像中的中性灰部分发生色偏。例如如果一个中性灰色被输出在黄色的纸张上则它将产生一个偏黄的灰色。在印刷生产中，如果采用同样的制版方式和同样的纸张印刷不同颜色时应该选择这种方式处理。此外，这种处理方式对采用相对比色转换的图像暗调区色彩有补偿作用。

选择 Neutral Gray 方式时，纸张与测试条的底色仅仅对图像的亮调区有影响。在其他彩色区域内，图像的颜色与中性灰色都能尽可能地保留在一定范围内，而不会被纸张的白度所影响。这种处理方式对采用相对比色转换的图像亮调区颜色和采用绝对比色转换的图像暗调区的颜色有较好的补偿作用。

如果需要处理的图像由两个相邻的区域构成，分别包含有一个黑白图像与一个彩色图像。这样的图像需要复制为印刷品时，必须选择 Paper-colored Gray 方式，即以纸张方式保留中性灰。只有采用这种方式才能使黑白图像区与彩色图像区内的颜色同时保持中性灰色相不偏色。与此相对的是，如果需要复制的是一个彩色广告，并且要求其采用胶印与凹印两种不同的印刷方式，同时要求复制后效果完全一致，此时就必须选择 Neutral Gray 方式，即以图像方式保留中性灰的处理方式。

⑥设置光源。扫描仪特征化可根据用户的实际用途选择不同的光源。

⑦计算设备特征文件。点击开始（Start），计算特征文件。计算完成后将文件保存成后缀为 ICC 的特征文件。

任务四　数码相机校正与特征化实验

 教学目标

理解数码相机的校正与特征化方法，掌握数码相机校正与特征化技术。

能力目标

（1）掌握数码相机手动白平衡调整与设置。
（2）掌握使用 ProfileMaker 软件完成数码相机特征化方法。

知识目标

理解数码相机校正与特征化原理。

实验目的

了解数码相机工作原理，掌握数码相机校正与特征化方法。

实验器材

- 数码相机；
- 标准光源灯箱；
- 专业色彩管理软件（ProfileMaker）；
- 数字存储介质（U 盘等）。

实验步骤

（1）正确选择标准光源。

（2）使用标准白板完成数码相机的白平衡。

（3）对标准色样进行拍摄，并使用测量仪器完成色样测量。

（4）使用专业软件完成制作数码相机的特征文件。

（5）利用标准光源对景物进行拍摄，利用 PS 软件完成特征文件的调用。

实验数据及分析

记录标准色样测量的色彩值。

	L	a	b
1			
2			
3			
4			
5			
6			
7			
8			
9			
10			

- 说明应用数码相机特征文件后，拍摄图像的色彩状况（有无色相、亮度等变化）。

任务五　扫描设备的色彩管理实验

 **教学目标**

理解扫描仪的校正与特征化方法，掌握扫描仪校正与特征化技术。

能力目标

掌握使用 ProfileMaker 软件完成扫描仪特征化方法。

知识目标

理解扫描仪校正与特征化原理。

实验目的

了解扫描仪工作原理，掌握扫描仪特征化方法以及扫描仪特征文件的应用。

实验器材

- 反射式分光光度仪；
- 标准色表；
- 专业测量软件（ProfileMaker）；
- 数字存储介质（U 盘等）。

实验步骤

（1）打开扫描仪，预热 30 分钟后，启动计算机。

（2）根据常规的扫描工作规范设置好扫描仪的基本工作参数，进行扫描仪的预热处理，确保其正常工作。

（3）根据标准要求扫描标准色表图，并保存文件。扫描模式采用 RGB，分辨率为 300dpi，保存文件格式为 TIFF。

（4）使用 ProfileMaker 软件中的 MeasureTool 进行 IT8.7/2 色表数据的测量，并保存测量数据为 txt 文件。

（5）计算扫描仪特征文件。打开专业色彩管理软件，调用扫描后的色标图像文件，与标准色表所对应的标准数据文件，通过计算生成扫描仪特征文件。

（6）应用扫描仪特征文件，使用 Photoshop 软件打开扫描图像，选择颜色点，使用"指定配置文件"菜单将制作好的扫描仪 ICC 文件应用于图像文件，在信息板上记录颜色值（选择颜色点为 CMYKRGB 色点）。

实验数据及分析

定量描述扫描仪特征化文件应用后图像色彩的变化效果，用色差进行说明。

颜色名称	L^*	a^*	b^*	ΔE
C1				
C2				
M1				
M2				
Y1				
Y2				

续表

颜色名称	L*	a*	b*	ΔE
K1				
K2				
R1				
R2				
G1				
G2				
B1				
B2				

训练题

一、判断题

1. 现代色彩管理系统通过"3C"控制，即设备校正（Calibration）、特征化（Characterization）和色彩转换（Conversion），其代表了色彩管理技术实施的三个重要环节。（　　）

2. 印前色彩管理中的色彩转换方式是调整转换后的色彩，使颜色从一种设备空间到另一种设备空间的转换过程中能达到最小相似值的方法。（　　）

3. 扫描仪的白平衡处理时，必须使三通道最小密度保持相等。（　　）

4. 扫描 Agfa 的相片时应该采用 Agfa 的 ICC 文件。（　　）

5. 色表的 IT8.7/1 包含 264 个彩色色块与中性灰色色块，分别代表此摄影类相纸与胶片材质能表现的色彩。（　　）

6. ColorChecker DC 每个色块都以 Munsell 坐标、CIE 色度坐标与光谱反射率曲线数据进行了标注。（　　）

7. 扫描仪特征化时扫描标准色表需要以 RGB 模式 100% 等方式扫描标准色表。（　　）

8. ColorChecker 色板中含有 8 个等级的灰梯与某些肤色。（　　）

9. IT8.7/1 与 IT8.7/3 标准色表所包含的色块数量一样。（　　）

二、选择题

1. IT8 系列标准色表由_____组织定义。

　　A. ICC　　　　　　　B. ECI　　　　　　　C. ANSI　　　　　　D. CIE

2. 以下标准色表为透射型的为_____。

　　A. IT8.7/1　　　　　B. IT8.7/2　　　　　C. IT8.7/3　　　　　D. IT8.7/4

3. 数码相机校正通过_____实现。

    A. 灰平衡   B. 白平衡   C. ColorChecker   D. IT8

4. _____标准色表已经通过 ISO 认证，成为色彩管理的反射型输入设备特征化标准色样。

    A. IT8.7/0   B. IT8.7/1   C. IT8.7/2   D. IT8.7/3

5. 扫描仪的白平衡校正后可消除扫描设备的_____误差。

    A. 物理   B. 聚焦   C. 图像   D. 分辨率

6. 数码相机特征化拍摄色表保存为_____色彩模式的 TIFF/JPG 文件格式。

    A. RGB   B. CMYK   C. LAB   D. XYZ

7. IT8.7/1 和 IT8.7/2 是美国国家标准协会（ANSI）的图像技术委员会所开发的。这些标准色表已经通过_____认证。

    A. ISO 12641   B. ISO 13566   C. ISO 10286   D. ISO 15647

三、问答题

1. 说明输入设备校正的原理。

2. 叙述数码相机校正的步骤。

3. 叙述扫描仪校正的基本步骤。

项目五 数字图像的显示与颜色设置

任务一 标定显示器

 教学目标

掌握彩色显示器标定的方法与技术，以保证印前图像处理的显示设备能正确再现图像的色彩。

 能力目标

显示器的标定技术。

 知识目标

彩色图像显示原理。

目前，印前系统中把显示器作为预打样的设备，依靠屏幕显示的色彩来调整图像色彩。因此，数字图像色彩准确再现的关键之一是把显示器的显示效果与输出打样或印刷效果调整至相接近的程度。

一、显示器与显示环境评估

显示器的显示状态需要在对设备校正前进行相应的评估，检查用于工作的显示器是否适合校正，校正后是否可以带来专业或理想的效果，假如显示器太残旧、已老化、不稳定，那么校正便没有意义。

此外，环境是否适合校正工作也很重要。环境光线不要太亮或太暗，室内的光源最好采用 D50 或 D65 标准光源。一些常用光源的色温为：标准烛光为 1930K，钨丝灯为 2760～2900K，闪光灯为 3800K，荧光灯为 7200K，紫外线灯为 9000K，所以办公环境的照明应该尽量采用色温接近标准光源的单一光源，如果同时采用钨丝灯和荧光灯，将会影响到显示器的显色效果。

一般来说，看电视只需要 30lx 的照度就可以，而办公室一般的照度为 500lx 左右，难以达到专业的校色需求，所以如果照度不够，会响应工作人员对色彩饱和度的判断，从而使得成品颜色比较暗。普通的办公室保持 500lx 即可，专业颜色复制工作环境中，需要环境的照度为 1000lx。

同时，显示器不要靠近窗口，墙纸或墙壁最好是灰色，计算机的桌面背景色也最好是灰色，因为太花或鲜的颜色会影响视觉，也可以考虑在显示器加一个遮光罩。另外，眼睛与显示器的距离应保持 1.5 ~ 2 尺。

二、显示器参数

显示器校正的重点是在特定亮度与对比度下调节显示器的白点（色温）、Gamma 值与照度。

1. 白点（色温）

确定显示器的白点通常可以利用显示器的白色区域的色温（Color Temperature），或者是白色区域的 CIE 色度坐标来表示。色温就是以温度的数值来表示光源的颜色特征。色温反映显示器上的白色区域的颜色状态，色温低则显示器显示的颜色偏黄，色温高则偏蓝。

默认电脑系统的显示器色温为 9300K 左右。印前系统中为了使操作者在屏幕上看到的图像颜色与输出在纸上的图像颜色尽可能接近，显示器的色温应为 5000K 或 6500K，苹果 Mac 系统计算机默认值为 6500K，即色度学中 CIE 推荐使用的标准照明体 D65 的色温值。

2. Gamma 值

Gamma 值反映显示信号与控制电压的对应关系。Gamma 值影响图像亮调与暗调的显示效果，影响显示器对各梯级的对比度和层次的显示。Gamma 值小时亮调的级差拉得较大，对表现较亮的颜色有利；而 Gamma 值大时暗调的级差拉开得较大，对表现较暗的颜色有利。

Gamma 值表示显示器输入信号和输出显示信号之间的一种对应关系，当输入与输出信号成 45°直线时的 Gamma 值为 1；当输入与输出信号所对应的曲线呈下凹曲线时，Gamma 值大于 1；相反，呈上凸曲线时 Gamma 值小于 1。苹果 Mac 计算机系统的默认值是 1.8，PC 计算机 Windows 系统的默认值是 2.2。

3. 显示器照度

由于显示器是自发光物，显示器校正时既需要考虑显示器的亮度也要考虑光照度。亮度是发光体与发光面的明亮程度的度量，它决定于单位面积的发光强度，单位为坎德拉每平方米（cd/m²）。显示器的亮度表示显示器表面不同位置和不同方向上的发光特性。

光照度是指单位面积上所接受可见光的能量，简称照度，其可以用照度计进行测量，单位是用勒克斯（lx）来表示。如果每平方米被照面上接收到的光通量为 1lm，则照度为 1lx；1lx 相当于被照面上光通量为 1lm 时的照度。夏季阳光强烈的中午地面照度约 5000lx，冬季晴天时地面照度约为 2000lx，晴朗的月夜地面照度约 0.2lx。

三、显示器标定的方法

1. PC 电脑的显示器标定

Windows7 控制面板程序——显示屏分辨率——高级——颜色管理（高级），如图 5 - 1 所示。

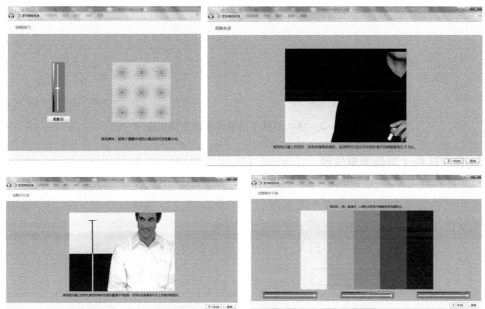

图 5 - 1　Windows 7 的显示器标定

①预热显示器。打开显示器，预热 30 分钟，使显示器处于稳定状态；将室内光源调节到一个稳定的水平，以免这些动态变化影响显示；关掉所有桌面图案，将显示器的背景色改为中性灰（这样就不会在校正过程中对视觉造成影响，有助于调节灰平衡）。

②调整参数。通过视觉观察的方式调节适当的显示器的 Gamma 值、亮度、对比度和颜色平衡。

2. Mac 电脑的显示器标定

Mac 计算机作为印前图像处理的一个重要平台，其为显示器的准确工作设计了专业的调整工具（图 5 - 2）。

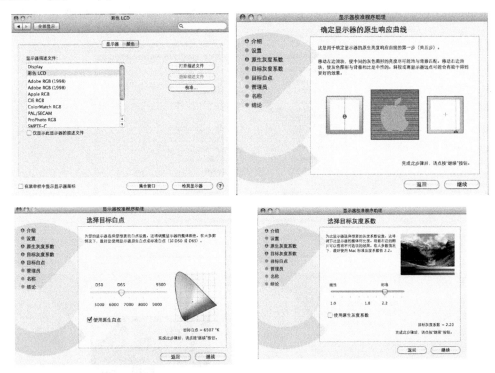

图 5 - 2　Mac 系统下的显示器控制面板程序

3. 专业软件 + 屏幕测量仪器

数字图像处理在色彩复制工作中的作用越来越重要，因此显示器是否能准确地再现数字图像的色彩也越来越被专业人士所重视。为了更有效地控制显示器的显示，专业级的色彩控制软件与颜色测量仪器被应用于图像处理领域。

专业级显示器的标定步骤如图 5 - 3 所示，操作界面如图 5 - 4 所示。

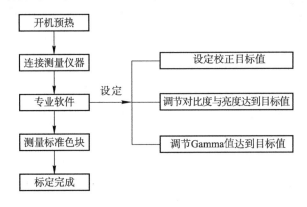

图 5 - 3　专业显示器标定

①显示器的预热与周围环境的调节，使显示设备达到稳定的工作状态。

②运行专业色彩校正软件，连接屏幕测量仪器。

③设定校正目标值，包括显示器白点（色温）、Gamma 值、亮度，显示设备类型等。

④将屏幕测量仪器固定于显示屏的测量区域，并进行测量。

⑤根据测量的状态，调节显示器的对比度与亮度；先将显示器的物理调节开关调整至最大对比度，结合测量仪反馈的显示状态，确定显示器的最佳对比度（同理调整显示器的亮度值）。

⑥调节显示器 Gamma 值，通过物理调节显示器的色温值，依据测量仪器测量结果调整并得到预设的色温值；确定显示器校正信息，测量仪器对一系列预设的电子色表进行测量，以获取显示器的校正信息，并通过计算机系统将校正信息作用于显示器的内部器件与显卡内部，从而完成显示器的标定。

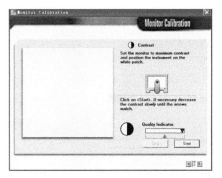

（a）调节显示器的对比度

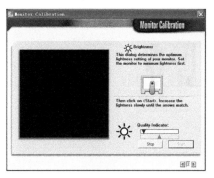

（b）调节显示器的亮度

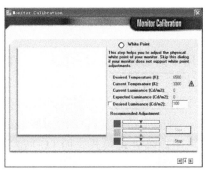

（c）调节显示器的色温

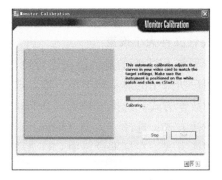

（d）调节显示器的白平衡

图 5 - 4　显示器校正

四、显示器特性文件制作

正确的彩色图像显示除了显示器需要标定外，还需要一个正确的显示器特性文件完成彩色图像颜色信息与显示器间的转换控制。

通过显示设备的特征化可建立一个标准的特征文件，计算机操作系统通过这个显示特征文件来驱动显示器，从而实现将显示器所显示色彩与输出设备输出色彩的匹配。显示设备特征化的步骤分为，显示标准色样的测量，显示特征参数的设定，显示特征文件的计算与使用三个关键环节，以下采用专业软件 ProfileMaker 5.10 为例进行说明。

1. 运行 ProfileMaker 程序

运行 ProfileMaker 程序（图 5 - 5）。

2. 显示器特征色块测量

显示器的特征化标准色表为由软件所提供的一系列电子色表，CRT 显示器专用的色表包含了 42 个色块，而 LCD 显示器专用色表则包含更多的色块，共 98 个。通过软件所提供的测量工具进行测量，如图 5 - 6 所示。选择测量色表，连接屏幕测色仪测量。

图 5 - 5　显示器特征化

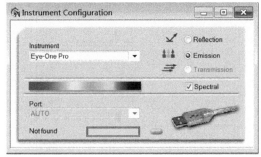

图 5 - 6　选择测量仪器与测量方式

3. 特性文件大小设置

LCD 型与 CRT 型的显示器在进行特征化时采用不同的计算方式。选择显示器的类型必须与用户所采用的显示器类型一致。选择特征文件的大小决定了特征文件进行色彩转换所使用的数学方式。选择"缺省（Default）"特征文件，对应特征文件采用矩阵处理模式的色彩转换方式；选择"大型（large）"特征文件，对应于特征文件采用对照表处理模式的颜色转换方式。在标准设置中 CRT 型的显示器采用矩阵处理模式，而 LCD 型显示器采用对照表处理模式。

4. 显示器的白点进行设置

显示器特征文件中对白点的设置包含三个选项：一个是测量的白点；一个是 D65；一个是 D50。测量的白点是通过测量显示器最亮的区域值而得的，它是一个缺省设置值。D65 以标准照明体 D65 为显示器的白点值。D50 是以标准照明体 D50 为显示器白点值。

5. 特性文件计算

设置完成后，点击开始（Start）按钮就可开始显示器特征化处理。特征化完成后的文件可保存成一个后缀为 ICC 的文件。

任务二 数字图像的色彩模式

 **教学目标**

数字图像的颜色设置与调整是数字图像色彩复制的基础，掌握图像处理软件中图像模式与颜色定义、颜色设置的参数意义与正确的设置方法。

 **能力目标**

掌握图像处理软件中的颜色设置方法。

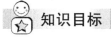 **知识目标**

（1）数字图像的 HSB 颜色定义方法。

（2）数字图像的色彩模式。

（3）掌握标准颜色空间 sRGB、AdobeRGB、SWOP 等的特征。

一、数字图像的 HSB 颜色定义方法

在计算机中所使用的 HSB 模式将颜色三属性进行了量化。色相（H）是以角度表示的，从 0° 到 360°，纯红定义为 0°。饱和度（S）用 0 ~ 100% 的百分数表示，灰色的饱和度为 0，100% 表示饱和度最大。明度（B）也用 0 ~ 100% 的百分数表示，0 表示明度最小，也就是黑，100% 表示白色（如图 5 - 7 所示，PhotoshopCS6 中定义颜色的面板）。

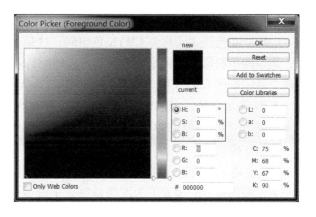

图 5 - 7 Photoshop 用 HSB 定义颜色

二、数字图像模式（以 Adobe Photoshop CS6 为例）

1. 位图模式

位图模式是 1 位色深度的图像，其只有黑和白两个颜色。它可以由扫描或置入黑色的矢量线条图像生成，也可由灰度模式或双色相模式转换而成。在 Photoshop 软件中将灰色或双色相图像转换为位图模式可以根据用户的实际用途选择不同的算法转换，如半色相方式、阈值方式、抖动方式等。

63

2. 灰度模式

灰度模式是 8 位色深度的图像模式，其是单色图像，只能表现图像的亮度变化。在全黑和全白之间插有 254 个灰度等级的颜色来描绘灰度模式的图像。

3. 多色相模式

多色相模式包含单色相、双色相、三色相和四色相图像。多色相模式只有一个通道，只有灰度模式才能转换。但在印刷时，可通过多色相图像模式实现多阶调复制，增加印刷图像的输出层次，其通过印刷输出多个色版，用不同浓度的油墨或者不同颜色的油墨叠印形成复制图像丰富的层次。

4. RGB 颜色模式

RGB 颜色模式又称为 RGB 颜色空间，它是一种基于色光混合的表色模式。在计算机图像处理软件和图形处理软件的色彩管理系统中，RGB 颜色模式是数字照相机、扫描仪、显示器等设备所使用的颜色系统，是一个与设备相关的颜色空间。也就是说，它们产生的颜色是与具体使用的设备有关，不同的设备可能使用不同的 RGB 三原色，混合出的效果也不会完全相同。

在计算机图像处理系统、图形处理系统的 RGB 颜色空间中，每一种颜色都用二进制的一个字节表示，即用 2^8 来表示单一原色的变化级别，其取值范围为 0 ~ 255，数值越大，颜色越鲜艳、越明亮。当把 3 种原色以各自的 256 种值组合起来，就可得到 $2^{24} = 16777216$ 种颜色。通过对红、绿、蓝的各种值进行组合可改变像素的颜色。R、G、B 以不同量混合，就可产生出不同的颜色。若 R、G、B 值都为 0，则该颜色为黑色；若 R、G、B 值都为 255，则该颜色为白色。以不同值的等量混合就可产生各种不同明暗的灰色。

5. CMYK 颜色模式

CMYK 颜色模式又称为 CMYK 色空间，这是一种减色空间，是印刷油墨形成的颜色空间，也是四色打印和胶片呈色的基础。在印刷行业应用的 CMYK 颜色模式的实质指的是再现颜色是印刷的 CMYK 网点大小，因此 C、M、Y、K 的取值范围为 0 ~ 100%。C0% M0% Y0% K0% 表示白色，C100% M100% Y100% K100% 表示黑色。CMYK 颜色空间也是与设备相关的颜色空间，同样的 CMYK 数值组合、不同的原色油墨或色料得到的颜色是不同的。

6. Lab 模式

Lab 也是三个通道，24 位色深度的图像模式。L 通道是亮度通道（Lightness），a 和 b 两个为色彩通道。此模式下的图像是独立于设备外的，它的颜色不会因不同的印刷设备、显示器和操作平台而改变。当 Photoshop 把 RGB 模式和 CMYK 模式互相转换时，Lab 模式作为中间模式。

7. 索引颜色模式

索引颜色模式是 8 位色深度的颜色模式，最多有 256 种颜色。索引颜色模式的图像有一个颜色表，不同的图像，颜色表也不同。其通过颜色表描述与表达图像色彩，信息量小，被广泛地用于网页制作上。

8. 多通道模式

多通道模式是把含有通道的图像分割成单个的通道图像。CMYK 模式转为多通道模式时，生成的通道为青、品红、黄和黑色 4 个通道。RGB 模式转换后生成红、绿、蓝 3 个通道。Lab 模式转为多通道模式后生成三个 Alpha 通道。

三、颜色设置（以 Adobe Photoshop CS6 为例）

Adobe 身为 ICC 的成员，自 Photoshop CS5 已把 ICC 的色彩管理支持加入软件中应用，随着软件的不断升级，其色彩管理功能已经十分完善。

编辑（Edit）菜单中的颜色设置（Color Setting，如图 5 - 8 所示）可进行色彩转换与色彩管理的基本设置。这些设置包括，工作空间（Working Spaces）、色彩管理方案（Color Management Policies）、转换选项（Conversion Options）等。

1. 工作空间设置

所谓工作空间是指 Photoshop 用于新建文件时定义颜色所对应的色彩模式的特征，或针对未进行色彩管理控制的图像文件所指定的色彩特征文件。

RGB 工作空间设置的选项有显示器 RGB、sRGB IEC61966 - 2.1、Apple RGB、Adobe RGB（1998）和 Color Match RGB 等选项。sRGB IEC61966 - 2.1 是标准 RGB 空间，适用于多种硬件和软件，被多数软硬件制造商认可和支持，是大多数扫描仪与数码相机的缺省色空间。此外，sRGB 工作空间还可以用于网络图像，但如果是做印前图像处理的话，建议不要使用这个色空间。

Adobe RGB（1998）的色域范围相当大，特别适用于要转换为 CMYK 色彩模式的图像。Apple RGB 是 Mac 电脑显示器的色空间。该色彩空间支持多种桌面出版软件，也可以使用这个色空间编辑要用 Mac 显示器显示的图像。Color Match RGB

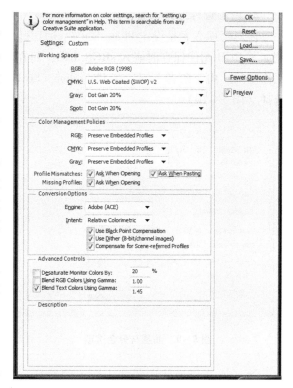

图 5 - 8　颜色设置

是一个与 Radius Pressview 显示器匹配的固有色彩空间。RGB 工作空间设置只对 Photoshop 软件下显示的图像起作用，所选色空间不同，显色效果会不同。

对于印刷彩色复制中，RGB 色彩模式下所指定的工作空间建议使用 Adobe RGB（1998）。该模式下的工作空间所定义的色彩范围与印刷系统中 RGB 输入设备的色彩特征能较好匹配，同时比一般 CMYK 色彩模式的输出设备的输出色彩范围要大，可尽量充分地再现印刷复制的色彩特征，因此 Adobe RGB（1998）工作空间已被广泛接受为印前的一个标准。

CMYK 工作空间应该选择印刷设备或打样设备的特征文件。这种工作空间的设定可满足印刷图像分色处理的需求，使软件处理后的图像符合印刷生产的复制特征，实现印刷品色彩再现的一致性要求。标准的 CMYK 色空间有 SWOP、SNAP、Gracol 等。如果用户不了解印刷生产的色彩特征，即没有印刷特征文件，则也可通过用户自定义的方式进行印刷输出特性的控制，如油墨选项与分色选项，如图 5－9 所示，但由于产生的误差较大，不建议使用这种方式。

在 Gray 工作空间设置中，应按相对应的灰度图像的用途来设置。例如印刷用的灰度图像，便可按印刷流程的网点增大特征（Dot Gain）来设定，如内置的标准为 20% 或 25%。其次用户也可自定义（Custom Dot Gain）。如果灰度图像仅作显示用，如网上图像，便可按显示器的 Gamma 值来设定，即 Mac 机为 1.8，Windows 下为 2.2。

专色模式下的工作空间通过印刷网点增大特征进行设置。

2. 色彩管理方案设置

色彩管理方案是设定 Photoshop 软件打开图像时进行色彩转换所采用的几种具体措施。例如某 RGB 图像保存时嵌入 sRGB. ICC，而在 Photoshop 软件中设定 AdobeRGB 为 RGB 的工作空间。由于两者不同，在 Photoshop CS6 软件中打开图像文件时会询问用户做出何种选择（图 5－10）。

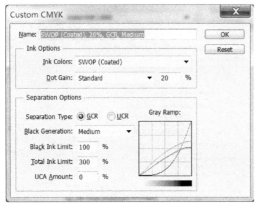

图 5－9　油墨与分色选项　　　　图 5－10　打开图像文件

第一项选择为使用图像中嵌入的特征文件为图像的 RGB 工作空间，即保持图像的 LAB 与 RGB 值相匹配，图像显示效果与嵌入设备的输出效果一致。第二项选择是把色彩由输入设备的 RGB 色彩转换到当前软件所设置的工作空间中的色彩，即保持图像的 LAB 值一样，而 RGB 值进行转换，图像显示效果为当前工作空间所对应的设备输出的色彩效果。第三项选择是丢弃图像所嵌入的特征文件，不做色彩管理，图像的 RGB 数据不发生转换，所显示的颜色以当前工作空间的设备特征为标准。

在实际工作中，应按不同的情况做出不同的选择。如想观察图像在 AdobeRGB 空间中的效果，便应该选择第三个方式。如果想观察图像在 sRGB 空间中的效果，便应选择第一个方式。如想观察图像在 AdobeRGB 标准色空间下，但需要模拟 sRGB 空间中的色彩效果，便应该选择第二个方式。

3. 转换选项设置

在转换选项中可选择不同的色彩转换引擎与转换意图。

（1）常见的色彩转换引擎。

①Adobe CMM。Adobe CMM 是 Adobe 产品 Photoshop、Illustrator、Acrobat、InDesign 等

特有的色彩管理模块，在这些软件的弹出式菜单中，显示为"Built – In"引擎，即内置的引擎。Adobe 开发 CMM 的目的是为了保证其产品颜色处理的一致性。

②Agfa CMM。Agfa 专用的设备特征文件为 Color Tags，其曾用于 FotoTune 软件、Fo-toLook 扫描仪驱动程序、Chromapress RIP 及其他 Agfa 应用程序。Agfa 的 CMM 被设计成能维持扫描图像和彩色分色的灰平衡。Agfa CMM 支持可变的、即时计算得到的 GCR（灰色成分替代）。它也支持 Pantone Hexchrome 六色分色。方正公司推出的色彩管理系统中的CMM 模块即采用了此模块。

③Heidelberg CMM 与 Apple CMM。Heidelberg CMM 的基本颜色技术是由 Rudolph Hell公司开发的，后来 Hell 与 Linotype 公司合并成立 Linotype – Hell 公司，后又于 1997 年被整合进入 Heidelberg 集团。Hell 在 DRUPA 1972 上首次引入了可商业应用的电子彩色分色机DC300。DC300 使用一台模拟计算机，该计算机可由控制面板上的旋钮和刻度来控制 RGB到 CMYK 的转换。随着苹果计算机的发展，以及其不断强大的 RISC 计算机芯片，Hell 彩色计算机可以被编写成为一个软件核心，就是 Linocolor CTU（Color Transform Unit），即苹果操作系统的一个功能扩展程序，通过此核心软件实现苹果计算机的色彩转换计算。

④Kodak CMM。Kodak 的色彩匹配方法开发开始于 20 世纪 80 年代初期的 Eikonix 公司，Kodak 在 1985 年购买了这家公司。Eikonix 是第一家采用设备独立的方法实现色彩管理的公司。在 90 年代初期，Kodak 开始同 Adobe、Apple、Sun、SGI、Agfa 和 Microsoft 就设备特征化数据通用格式的定义问题进行讨论。Kodak 定义了 CMM 中说明矩阵和查找表数据的结构。这些定义成为 ICC 规范，也意味着定义了 ICC 兼容的 CMM。

（2）色彩转换意图（Rendering Intent）。色彩转换意图包括了在 ICC 所规范的四种标准意图。可感知（Perceptual）、相对比色（Relative Colorimetric）、绝对比色（Absolute Colorimetric）及饱和度（Saturation）四种。

①可感知（Perceptual）。可感知的意图从一种设备空间映射到另一种设备空间时，如果图像上的某些颜色超出了目标设备的色域范围，这种色彩转换意图将源设备色域外的颜色映射到目标设备色域的边缘，其他色域内的颜色则均匀地压缩在色域中，对于阶调的处理采用两设备色彩空间的最大亮度相互重叠，其他亮度动态地均匀压缩，白点映射采用设备白点和标准观察者（光源为 D50、视场角度为 2°）的白点相适应的方式处理。这种压缩整个色域范围的方法会改变图像上所有的颜色，包括那些位于源设备空间色域范围之内的颜色，但能保持颜色之间的视觉关系。这种方式压缩的图像，在饱和度、明度以及色相上均会出现损失，且有相同的损失程度。

可感知转换意图的目的是把范围较大的源设备色彩空间嵌入到一个范围较小的目标设备色彩空间。大部分的源设备色彩空间被压缩了，以使原图文的所有颜色范围能完全再现。此方式经常应用在从一个大色彩空间到一个小色彩空间的转化过程中，通常情况为RGB 色彩空间向 CMYK 色彩空间的转换。这种意图适用于摄影类原稿的复制，尤其是在高密度的反转片的复制上。

②饱和度（Saturation）。当转换到目标设备的色彩空间时，这种意图主要是保持图像色彩的相对饱和度。在色彩空间中，从超出设备色域的颜色坐标点做一条在饱和度上值不变的转换线，这条转换线与设备色彩空间的交点所对应的色彩参数即为用于替代超出色域的色彩参数。它适用于那些颜色之间视觉关系不太重要，希望以亮丽、饱和的颜色来表现

内容的图像色彩转换。这种意图较合适的范围是商业印刷，印刷成品要求有很明快的对比度如招贴画、海报等。

③相对比色（Relative Colorimetric）。采用这种意图进行色彩颜色转换时，位于目标设备色彩空间之外的颜色将被替换成输出设备色彩空间中色度值与其尽可能接近的颜色。即，以源设备色彩空间中超出目标色域的颜色坐标点为起点，向目标色彩空间做一条距离最短的直线，这条直线与目标色彩空间的交点坐标对应的色彩参数即是用来替代超出色彩的色彩参数。位于输出设备的色彩空间之内的颜色将不会变化地进行转换，而超色域的颜色则可能发生很大的变化，采用这种色彩转换方案可能会引起源图像上两种不同颜色在经过转换之后得到图像上的颜色一样。

相对比色匹配方式主要应用于将小色彩空间与大的目标色彩空间对应起来。源设备空间的纸白在目标设备空间中将不会被模拟，其白点映射为标准观察者（光源为D50、视场角度为2°）的白点。此转换方式可应用在从CMYK到CMYK色彩空间的转换中，有时候能在印刷图像分色处理中得到较好的效果。

④绝对比色（Absolute Colorimetric）。这种意图在转换颜色时，保持位于色域共同区域内的颜色不变，目标设备色域外的颜色由离它最近的颜色代替，同时色域内的亮度精确再现，目标设备色域外的亮度升高或降低，直至正好在色域上，从而将造成颜色在高光或者暗调处反差丢失。此转换方式将输入设备的色彩空间的色相值相对于纸张或承印物的白度被转换成新的颜色值，即源设备色彩空间的纸白能在目标设备色彩空间中被模拟。

绝对比色意图同样是将小的色彩空间与大的目标色彩空间一一映射的方式，其常用于数码打样的转换中。

任务三　图像处理软件中标准空间的理解与应用实验

教学目标

理解标准色空间sRGB、Adobe RGB、SWOP等的不同，掌握这些空间的色域描述。

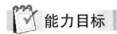

能力目标

掌握标准色空间sRGB、Adobe RGB、SWOP在LAB色空间中的描述。

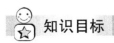

知识目标

理解标准色空间sRGB、Adobe RGB、SWOP。

实验目的

Photoshop 中的 "颜色设置 color setting"，通过改变 CMYK 工作空间（Work Space）中的参数设置，分析不同的 CMYK 色彩系统的差别。

实验器材

- 图像处理软件 Photoshop；
- 数据记录与计算分析软件 Microsoft Office Excel。

实验步骤

（1）使用 Photoshop 软件，选择颜色设置（Color Setting）菜单。

（2）在 CMYK/RGB 颜色空间中选择标准的 CMYK，如 SWOP（Newspaper）、Toyo inks、Eurostandard、AdobeRGB、sRGB 等。

（3）使用自定义的三原色（Primaries）与油墨颜色（ink Color）方式（图 5 – 11）或记录不同色彩系统下的各特征油墨颜色信息 CIELAB 值。

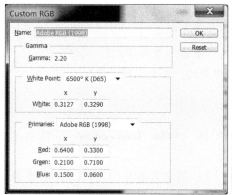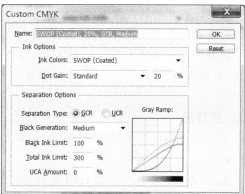

图 5 – 11　RGB/CMYK 系统的颜色值

（4）将至少三个不同系统下的特征数据放入 Excel 绘制色域图（Gamut），如图 5 – 12 所示。

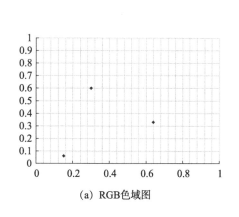

（a）RGB色域图

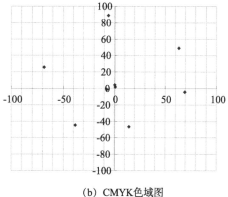

（b）CMYK色域图

图 5 – 12　色域图

训练题

一、判断题

1. 调节显示器白点就是调整显示器红、绿与蓝三色信号，使显示器达到白平衡的过程。（　　）

2. 苹果系统计算机通常默认值为5000K，即色度学中CIE推荐使用的标准照明体D50的色温值。（　　）

3. Gamma值反映显示信号与图像输出信号的对应关系。（　　）

4. 显示器的Gamma值大时暗调的级差拉开得较大，对表现较亮的颜色有利。（　　）

5. 使用ProfileMaker软件可以制作显示器特性文件。（　　）

6. 可感知式色彩转换意图可将输入设备的颜色值相对于纸张或承印物的白度而转换为新的颜色值。（　　）

7. 绝对比色色彩转换意图可得到白色与标准的白色相对应。（　　）

8. 超色域的色彩经过相对比色的转换后色相会发生变化。（　　）

9. 饱和度的转换意图可保证色彩转换后的饱和度达到最大值。（　　）

10. 绝对比色的白点映射为标准观察者光源为D50，视场角度为2°。（　　）

二、选择题

1. 显示器的白点即显示器白色区域的色温（Color Temperature），或白色区域的_____。

   A. XYZ色度坐标　　　B. LAB色度坐标　　　C. 孟塞尔坐标　　　D. HSB坐标

2. 当输入与输出信号成45°直线时的Gamma值为_____。

   A. 0　　　　　　　B. 0.5　　　　　　C. 1　　　　　　D. 100

3. 当输入与输出信号所对应的曲线呈下凹曲线时，Gamma值_____。

   A. 小于1　　　　B. 大于1　　　　C. 等于1　　　　D. 无法确定

4. 苹果计算机系统的显示卡默认值是Gamma值为_____。

   A. 1　　　　　　B. 1.5　　　　　C. 1.8　　　　　D. 2.2

5. PC计算机的显示卡默认值是Gamma值为_____。

   A. 1　　　　　　B. 1.5　　　　　C. 1.8　　　　　D. 2.2

6. _____意图可保留源设备白点的特征。

   A. 可感知　　　　B. 绝对比色　　　　C. 相对比色　　　　D. 饱和度

7. 可感知意图的白点映射为标准观察者光源为_____。

   A. D50/2　　　　B. D65/2　　　　C. D50/10　　　　D. D65/10

8. 适合将RGB模式图像转换为CMYK模式图像的意图是_____。

   A. 可感知　　　　B. 绝对比色　　　　C. 相对比色　　　　D. 饱和度

9. 使用ProfileMaker软件制作显示器特性文件时，选择"_____"文件尺寸，对应特性文件采用矩阵处理模式的色彩转换方式。

   A. 缺省（Default）　　　　　　　　B. 大型（Large）

   C. 小型（Small）　　　　　　　　D. 自定义（Custom）

10. _____意图适用于摄影类原稿的复制，尤其是在高密度的反转片的复制上。

    A. 可感知   B. 绝对比色   C. 相对比色   D. 饱和度

三、问答题

1. 叙述显示器标定的基本步骤。

2. 四种色彩转换意图的特点是什么？

项目六 彩色数字图像的复制原理与调整

任务一 印刷图像复制原理

 **教学目标**

学习印刷图像复制原理，理解图像阶调、色空间等图像复制概念。

能力目标

（1）掌握利用直方图分析数字图像质量的方法；
（2）掌握图像黑白场的正确设置。

知识目标

（1）理解图像阶调与色空间概念；
（2）掌握印刷色彩阶调曲线理论；
（3）理解图像的黑白场。

一、阶调

阶调和层次复制是表达印刷图像复制状况的术语。阶调复制泛指一组被复制的阶调值与原稿上相应一组阶调值的对应关系，阶调值可用密度值或网点覆盖率值表达。层次定义为图像中视觉可分辨的密度级次。当一张原稿的阶调得到理想复制时，图像会表现出令人满意的反差，原稿上的重要细节得到表现，并有助于在整个画面取得平衡。阶调复制不正确时，印刷图像看起来是不鲜明的，缺乏应有的自然光泽，亮调不亮或缺乏反差，重要部位给人以"平"的感觉，色彩饱和度不够。

阶调复制曲线是用曲线表达原稿和印刷复制品密度之间关系。一张原稿，在对其进行分色直到印刷复制的过程中，可以人为地改变它的层次复制情况，将原稿的调值扩展、压缩或保持不变。

图6-1（a）阶调复制曲线。设定原稿的密度范围是1.0，则曲线A对应的复制品密度范围扩大了，被复制的密度范围大约是原稿密度的2倍，曲线的斜率大于1。曲线B对应的复制品阶调压缩，被复制的密度范围比原稿小，曲线的斜率大于1。曲线C对应的复制品密度范围跟原稿相同，一条45°直线，曲线的斜率等于1，是一种理想的线性复制。

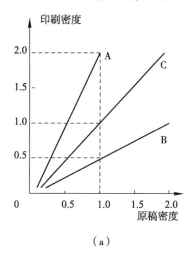

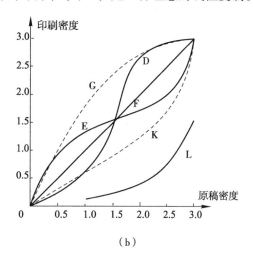

（a）　　　　　　　　　　　　　　　　　　（b）

图6-1　阶调复制曲线

在实际复制中，由于印刷设备的限制，可通过印刷复制密度范围是固定的，因此阶调复制通过改变原稿和复制品之间各阶调区的比率得到不同形状的阶调复制曲线，从而实现正常的阶调复制。图6-1（b）列举了几种不同形状的阶调复制曲线。曲线D是一个被拉长的"S"形曲线，在暗调区和亮调区被压缩，而曲线的中间调部位被强调，阶调增大；曲线E是一个软复制曲线，它增加了亮调和暗调的细节，但减少了中间调的细节；曲线G和曲线K是两个比较极端的例子，曲线G表达了一种亮的阶调复制情况，暗调区的反差和细节增加了，可是亮调和中间调被压缩而丢失细节；曲线K相反，是一个暗复制曲线，整个阶调变暗，在亮调区有明显地抬起，暗调端是平的；曲线L是应用于黑版的骨架黑阶调曲线，根本没有亮调层次，中间调很少，但有很高的暗调反差。

二、理想色空间和实际色空间

在印刷复制中，图像用阶调值（0～100%）表示，用阶调值可以画一个理想三维空间［图6-2（a）］。坐标零点为白（W），位于右上角；黑（K）在白的对面——立方体的左下角；白到黑的联线表示灰梯。利用坐标轴，借助于所选用的原色，可以得到任意颜色的阶调值。一定的色彩都与该空间中的一个点相对应，因为空间中的任意一点都可以看成是由坐标原点所画矢量的顶点。例如，二次色红色是由品红网点和黄网点合成的，如果红色偏蓝，则靠近M坐标轴，如果红色偏黄，则靠近Y坐标轴，如果红色是不饱和色，则它的矢量偏离平面任一角度［图6-2（b）］。

73

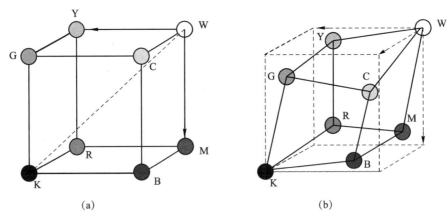

（a）   （b）

图 6 - 2　理想阶调空间与实际阶调空间

观察图 6 - 2（a）所示理想立方体中的品红（见彩插），黑、蓝、红和品红分别位于立方体下平面的四顶点。位于立方体上平面 4 个顶点的色彩，品红色的阶调值为 0，而在立方体的下平面的 4 个顶点黑、蓝、红和品红都是品红的阶调值为 100，连结黑点和白点的直线上品红的阶调值为从 0 到 100 的各阶调值。

在实际的印刷色彩复制中，由于图像采集中的滤色片与 C、M、Y 色料的不纯，实际分色与复制中 C、M、Y 实际阶调值并不完全符合理想的阶调值。如理想的黑色为 C、M 与 Y 都为 100，而实际结果往往是 C70M98Y98 的阶调组合；理想的白应该是 C、M 与 Y 都是 0，而实际的彩色图像却可能是 C10M5Y5 的结果。因此实际阶调空间的原色位置就会发生变化。把这些颜色的实际阶调值安排在三维空间坐标内，那么，这个理想三维阶调空间将变成为一个扭曲的六面体，如图 6 - 2（b）所示，只有灰对角线上的黑将保持不变。因此校色的目的就是校正色彩空间的这种扭曲，使之恢复到立方体形状。

不论是颜色分解误差，还是色彩再现产生的误差，都会使阶调空间立方体产生畸变。从图 6 - 2 实际阶调空间图可以看出，只要有一个代表色点（三原色或其间色）移动位置，就会带动与这一颜色成分相关的色彩发生变化。如当减少 C 色比例时，C 色本身变化最大，而与其相关的间色绿和蓝跟着产生不同程度的变化。彩色复制的基本依据是：若能把原稿中的一次色（黄、品红、青）和二次色（红、绿、蓝紫）六种颜色复制好，那么其他混合色也能够基本上得到正确复制（如图 6 - 3 所示，彩色效果见彩插）。

图 6 - 3　Photoshop 中色平衡调整

三、直方图

直方图是统计图像中像素和亮度级别的统计图，通过直方图的观察可以量化地分析图像并有目标地去调整图像。直方图用图形表示图像的每个亮度级别的像素数量，展示像素在图像中的分布情况。

Photoshop 软件中直方图（如图 6-4 所示，彩色效果见彩插）提供了图像色相范围或图像基本色相类型的快速浏览图。

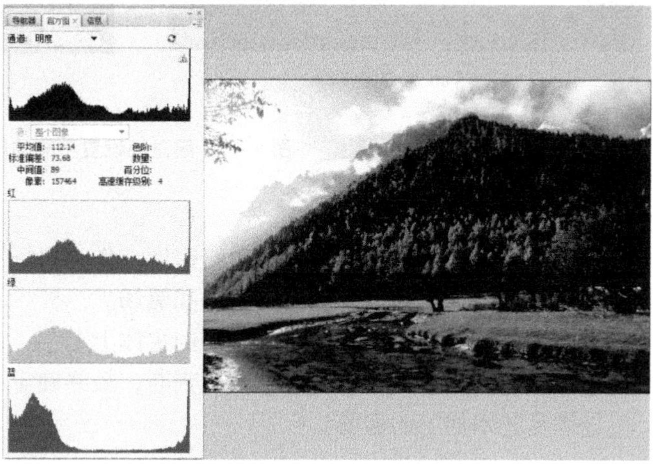

平均值（Mean）：提供图像中所有像素亮度的平均值。

标准偏差（Std Dev, Standard Deviation）：灰度值的标准离差，表示图像中颜色变化范围有多宽。

中间值（Median）：色阶范围的平均值，显示颜色范围内的中间值，它按像素的亮度值高低排序，然后取出一个中间亮度值。

像素（Pixel）：用于计算直方图的像素总数。

图 6-4 Photoshop 中的直方图

色阶（Level）：光标所在位置或选定范围的色阶或色阶范围。

数量（Count）：光标所在位置或选定范围的像素数。

百分位（Percentile）：光标所在位置或选定范围的像素数占总像素的百分比。

高速缓存级别（Cache Level）：显示了系统的 Image Cache 设置。

暗色相图像的细节集中在阴影处，高色相图像的细节集中在高光处，而平均色相图像的细节集中在中间调处。全色相范围的图像在所有区域中都有大量的像素。

四、数字图像的黑白场

黑白场定标也称高光暗调定标，是在彩色图像上设置白场和黑场，确定图像所能表达的阶调层次范围的最大、最小值，图像复制的阶调范围不会再超出这个范围。

白场是图像中亮调层次的相对亮点，但不是局部最亮的"极高光点"。黑场是图像暗调层次的终结点，也并非最暗点。选定图像的白场或黑场，则图像整体的明暗将会随之变化。黑白场定标点的选择是图像颜色、层次调整的基础。正确的定标点，可以拉开图像的层次，扩展图像的主体阶调，使画面的层次细腻，画面醒目。

彩色图像的黑白场定标有两个重要意义，一是重新分布图像的阶调范围，规定原稿密度范围的起始点和终止点；另一个是可以进行图像整体的色彩校正，如果原稿存在轻微的偏色现象，可以选择略带颜色倾向的密度点作为定标，即将某一具有颜色倾向的点选择白场黑场的原则指定为最亮的白色或最暗的黑色，就相当于在图像的全范围内减掉了这种色彩倾向，从而纠正图像的色偏（图6-5所示为黑白场正确与不正确图像的效果对比，彩色效果见彩插）。

（a）黑白场正确　　　　　　　　　　　　（b）黑场不正确，暗调并级

图6-5　黑白场设置不同的图像

选择黑白场的原则：

①选择原稿上的次亮密度点和次暗密度点作为白场和黑场。

②应选择中性白和中性黑作为白场和黑场。

③白场黑场应选择在原稿需要复制的主体上。

④应多选择几个密度点进行比较、判断，最终确定合适的密度点作为白场和黑场。

⑤满足艺术加工的需要。

任务二　数字图像的调整

 教学目标

根据印刷图像复制原理，掌握数字图像阶调调整、颜色校正等技术。

 能力目标

（1）掌握利用直方图分析数字图像质量的方法。

（2）掌握图像处理软件（Photoshop CS6）曲线（Curve）与色阶（Level）调整图像阶调的技术。

（3）掌握图像处理软件（Photoshop CS6）色彩平衡（Color Balance）等校正图像色偏的技术。

 知识目标

理解彩色印刷图像复制理论。

当前，随着彩色桌面出版系统的应用日益普及，人们运用各种图像处理软件对图像进行阶调调节。由于印刷复制品的密度范围一般比原稿要小，所以在复制后必然会使原稿的阶调被大大压缩。而彩色显示器所显示的图像亮度范围大，相应的阶调压缩量较小，不易被觉察。但当图像的阶调被限制在较小的反映原稿亮度变化的印刷密度范围内时，这种压缩的比例就会被放大，从而使彩色显示屏和印刷品再现图像所产生的视觉感受产生很大的差异。因此，图像阶调的调节决不能仅仅依靠观察彩色显示屏的显示效果，而是必须细致、充分地分析原稿阶调再现的重点以及原稿所表现的内容与主题，在此基础上对阶调复制曲线进行调整。

阶调调整实际上包含两个方面的含义：

①对原稿的阶调进行艺术加工，满足客户对阶调复制的主观要求，如对曝光不正确的摄影稿的阶调调整，或因为拍摄光线造成的偏色问题，也需要进行阶调调整。

②补偿印刷工艺过程对阶调再现的影响。从原稿到印刷品，阶调的传递经历了一系列工艺过程，由于受到各种条件的限制，阶调的传递是非线性的，为了获得满意的阶调再现，必须对其进行补偿。阶调调整使原稿的阶调范围适合于印刷条件下印品所能表现的阶调范围，使图像的阶调更好地符合视觉的观赏效果。

一、曲线（Curves）调整

以 Photoshop CS6 为例，在 Photoshop 软件中，打开"图像/调整/曲线"，或者按 Ctrl + M 键，就可以进入曲线调整（图 6 – 6）的窗口。Curves 曲线的特点是可以对图像灰度曲线上的任何一点进行调整，并能保证调整后的图像自身阶调层次不受损失。曲线调整提供 5 种颜色通道，配合信息板使用，可以清楚地看到处理效果。

曲线调整对话框中的曲线图用于定义图像灰度变换函数。水平轴表示像素的原灰度值（输入水平），范围为 0 ~ 250，垂直轴表示像素的新灰度值（输出水平），在定义灰度变换函数前，图上显示的是一条对角直线，这表示每一像素有相同的输入与输出值，其中输入值、输出值与 RGB 图像中的灰度值相匹配；如果图像是 CMYK 模式，则右面是高光（网点百分比为 0%），左面是暗调（网点百分比为 100%）。输入值与输出值以网点百分比表示，这同样与 CMYK 图像模式匹配。在调

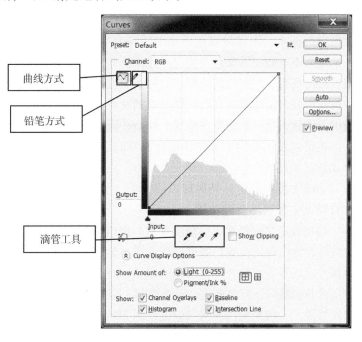

图 6 – 6　**Photoshop 中的曲线调整**

节曲线之前，可以选择对 RGB 或 CMYK 的整体调节，也可以选择单个通道来调节。如需要将图像整体变暗或提亮则选全通道往上或往下调整曲线，而要改变色偏或者增减某色版的数据量，则选择单通道的调节方式。

用"曲线方式"工具定义灰度图变换函数时，在对话框中最多可固定 15 个点，当点击曲线上某一点时，该点被锁定。如果要取消已锁定的点，可以在鼠标左键点住要取消的点，将它拖出曲线图，或者选中要消除的点，然后按删除（Delete）键消除。

调节曲线上任意一点可以改变图像相应的阶调值，此时，该点的输入值和输出值显示在输入和输出项右侧。拖动曲线时要注意，当某点的斜率小于 1 时，该点的对比度减小；当斜率大于 1 时，对比度增加。

图中"铅笔方式"可以像使用铅笔一样，在曲线图上任意绘制或拖拉原有的灰度曲线。由于铅笔画出来的切点较多，若想曲线平滑，可以按右边的 Smooth 按钮，按的次数越多，曲线就越光滑、流畅。如果要专门调整某一部分的阶调，可以用鼠标在阶调曲线上加点以固定不要调整的部分，这样，调整时这些部分就不会发生变化。

图中"滴管工具"从左到右分别为手动设定图像的黑场、中间调和白场。双击按钮可以为该工具选择颜色（调出 Color Picker 调色板）。

曲线显示项（Curve Display Options）可用于设置曲线工具的坐标单位是以亮度阶调（Lighten），或是以油墨网点值（Pigment/ink），以及曲线坐标系里是否显示各阶调叠加（Channle Overlap），坐标基线（Baseline），直方图（Histogram）以及调整时的插值线（Intersection Line）。

二、Curves 曲线调整的基本方法

在 Photoshop 软件中调出图像后，要认真地分析，找出图像阶调存在的问题，找出需要调整的地方，图像的高光还是中间调或暗调部分，还是图像某一颜色的阶调等。

如果不能确定需要调整的部分处于哪些阶调段，可以按住鼠标键并在图中来回拖动，这时就会出现有一个空心的圆圈在坐标图中上下移动，圆圈所在处的数值即是图中光标点处的数据。因此，从圆圈所在位置即可以判断需要调整的部分处于阶调的哪些区段。找到需要调整的阶调后，我们就需要在曲线上加一些固定点，以保证图中不需要变动的部分不受影响。

也可以使用铅笔工具绘制层次调整曲线，然后点击平滑按钮使阶调曲线流畅，但是这个功能很少用到。

正确的黑白场定标是再现原稿颜色、层次的关键。在曲线对话框中有手动设置黑白场和自动设定黑白场两种功能。

白场设定之前要看原稿密度反差、色相厚薄以及原稿主体处在哪一阶调层次等，分析得出应该设为白场的位置。如果白场采样过低，网点值设定过大，则印品的全阶调较平，颜色较深，白场不亮，给人一种沉闷的感觉；而白场采样过高，网点值设定过小，则印品的高中调层次拉得较开，反差较大，颜色变浅，以至于图像应该是白场的部分变成绝网，导致白场层次损失。一般来说白场网点应该设为 3%，这是一般胶印能表现的最小网点值。用白滴管在图像中点击设置最亮点，RGB 三色通道灰度值均为 255，图像其他像素值重新分配。

黑场设定相对白场设定来说难一些，因为人眼对高光部分敏感，而对暗调部分不敏感，所以很难找到，一不小心就把次暗点作为最暗点采集了。分析原稿密度反差、色相厚

薄以及原稿主体处在哪一阶调层次等，分析得出应该设为黑场的位置。有时候黑场定标不一定定在图像最黑的部分。一般黑场的网点值为95%，是一般胶印能表达出层次的最大网点值。用黑滴管在图像中点击设置最暗点，RGB三色通道灰度值均为零，图像其他位置的像素值重新分配。

对于自动设置黑白场，在默认的情况下，这个功能减少白色和黑色像素0.5%，也就是说搜索图像最亮和最暗像素时会忽略图像两端的像素值的0.5%。如果确认图像中最亮和最暗处应该就是黑白场，可以把裁切值定义为0%。它自动找到各个通道的两端像素，最亮和最暗像素的灰度值分别为255和0。

三、数码照片的阶调复制曲线调整

大部分数码相机由于电流的杂波干预，使得感光电子元件对黑色感应不平稳，很难拍摄到充足的亮度范围，尤其是暗调部分，这样就造成拍出来的图像黑的地方不够黑。而在阴雨天拍的照片因为光线不足而造成高光部分缺失，因为闪光灯使用不当、光线、拍摄技术等原因，容易造成偏色，曝光不足、曝光过度等现象。这时候需要使用图像处理软件来调整图像，使得图片接近真实，得到更好的效果。

1. 画面平的图片

一般阶调正常的数码稿，如果感觉画面太平，图像缺少暗调与亮调层次，需要把曲线做S形状调整，提高图像中间调反差（如图6-7所示，彩色效果见彩插）。

图6-7　画面平图像调整方法

2. 逆光拍摄

逆光拍摄的原稿则要做相反的S形状调整，降低图像反差（如图6-8所示，彩色效果见彩插）。

3. 曝光过度

曝光过度的图像反映出来比较亮，调整时把曲线的中部往下拉，增加图像灰度值（如图6-9所示，彩色效果见彩插）。

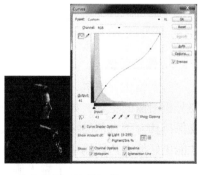

图6-8　逆光拍摄图片的调整

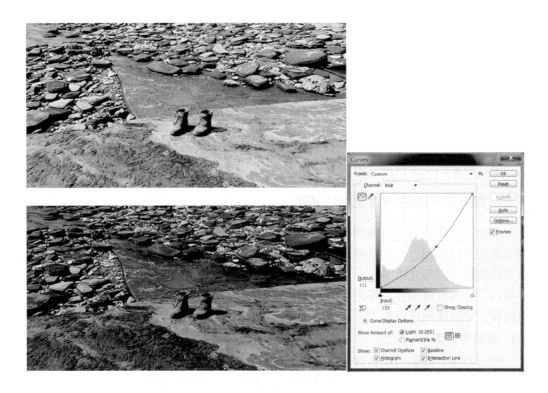

图 6 - 9　曝光过度图片的调整

4. 曝光不足

曝光不足的图像要把曲线往上拉，提亮画面（如图 6 - 10 所示，彩色效果见彩插）。

图 6 - 10　曝光不足图片的调整

5. 偏色图像

对于偏色的原稿，先确定是哪个色相偏色再做调整，然后调整偏色的相反色。同时，要分析图像的主题，如果对于以花为主的原稿，保持花的鲜艳本色；而以古迹为主题的就要保持其古香古色的味道等；以人物为主题的数码照片，则要注意人物的肤色自然，这样才能更好地表达原稿主题（如图 6 - 11 所示，彩色效果见彩插）。

对于偏色照片，除了靠人眼感觉外，还可以通过 Photoshop 中的信息板（Info）来确认。将鼠标放在图片要测的部位，信息栏就会显示相应位置的色彩数值，通过信息板查看图片中各个位置的颜色。另外可以通过直方图（Histogram）查看图像整体的阶调分布和各个通道的阶调分布，这样在调节图像之前做到心中有数，有利于阶调调节。

注意，图像调整最好一步到位。因为过度调整高光暗调会有损图像色彩细节，调节次数越多，损失越多。在调节之前最好把原图上新建一个图层，在新建图层中调节曲线，这样可以在不满意调节效果时重新调整而不损伤图像质量。

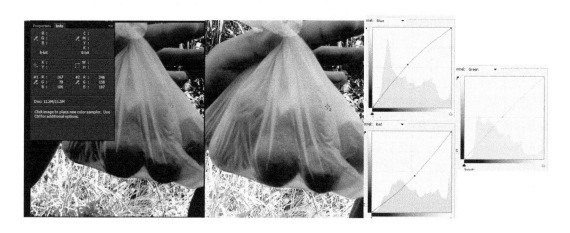

图6-11 偏色图片的调整

用图像处理软件中的曲线工具来实现对图像的阶调复制曲线的调整，曲线的压缩主要是通过设定图像黑白场来实现，而图像调整是通过调整曲线的形状来实现。

（1）对于以暗调为主的图像，压缩中间和亮调，拉开暗调层次；对于亮调为主的，压缩暗调和中间调，拉开亮调层次；而对于暗调和亮调为主的，压缩中间调层次，拉开暗调和亮调层次。

（2）对于正常的图像，反差适当，应该使低调层次压缩得平一些，因为人眼对暗调不敏感，在图像要强调中间调和亮调层次时更要这样处理。

（3）如果图像偏闷，亮调太平淡，就要强调拉开暗调和中间调层次，压缩亮调层次。

（4）如果图像整个画面的低调面积较大，应拉开低调层次，压缩中间调层次。

（5）如果图像中间调层次较平，反差小，亮调面积少，可以压缩亮调层次，拉开中间调层次。

（6）如果图像反差适中，是以中间调为主，暗调面积较小，可以压缩暗调层次，拉开中间调层次。

（7）如果图像偏薄，反差小，针对这些图像，可以压缩亮调和暗调层次，使中间调层次的反差大一些。

（8）如果图像亮调层次平淡，反差小，压缩中间调层次，拉开亮调层次。

总的来说，无论是哪种类型的图像，首先要分析图像的主调，正常阶调图像、暗调图像、亮调图像等；其次分析图像反差，高反差、低反差还是反差适中，在分析好图像的主调和反差后，再进行曲线调整处理。

另外，在复制之前先要掌握每张图像的基调，即图像是以冷调为主，还是以暖调为主。并注意有些作品是作者特别追求的色相，不能当作偏色。若对画面的基调分析不透，掌握不准，就会造成复制上的失败。遇到偏色问题的时候，要分析图像是整体偏色、暗调偏色、亮调偏色还是亮调与暗调各偏不同颜色，再做相应的调整。同时在调整的时候不能引起其他偏色。对待一些有特殊要求的图像，如一些高反差图像，不能按一般的处理方法去处理，如果作者是追求高反差达到某种效果的，那么就不需要提高图像的中间调层次，而压缩暗调和亮调。

对于不同的图像，阶调复制曲线的调节有其自身的特点，在调节的时候要注意一些记忆色的准确性，因为人眼对记忆色是很敏感的。

四、色阶调整

色阶（Levels）描述了图像中的影调范围为 0 ~ 255。使用色阶工具时，出现的直方图会显示图像中影调的分布情况（图 6 - 12）。直方图用图形表示图像的每个颜色强度级别的像素数量，以表示像素在图像中的分布情况。

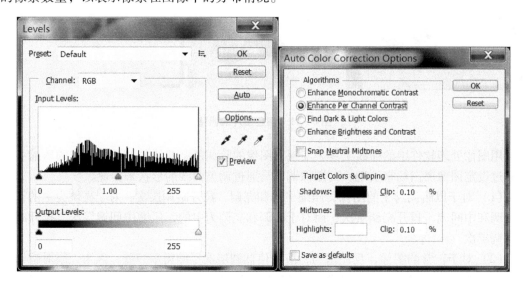

图 6 - 12　色阶

黑色滑块向右拖动图像变暗，白色滑块向左拖动图像变亮。把两个滑块都向中间拖动，则图像的反差加大。当直方图两端出现溢出时，说明纯白和纯黑的区域被扩大了。

亮度值从 0 到 15 都是黑，同样地，从 245 到 255 都是白。从打印输出的角度说，实际上，图像范围两端极其细微的差别是很难区分的，两端必然会有一点损失。中间调的明暗由中灰滑块决定，向高光拖动会压暗，反之则会提亮。

调整高光后，图像的阶调分布更加均匀。白色滑块向中间拖动，反差明显加大；减少反差则调整输出色阶（图 6 - 13，彩色效果见彩插）。

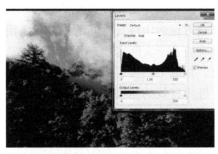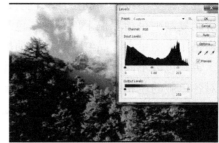
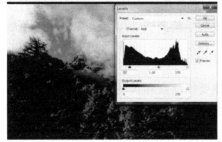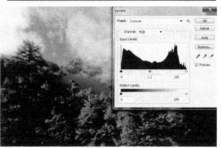

图 6 – 13 色阶调整

任务三 数字图像分色

 教学目标

理解印刷图像分色理论，掌握印刷密度分色、色度分色与数字分色的原理与方法。

能力目标

（1）掌握印刷灰平衡测试方法。

（2）掌握数字图像色彩转换技术。

（3）掌握数字图像分色方法。

知识目标

理解数字图像分色原理。

一、密度分色法

1. 灰平衡

灰平衡和阶调复制是相互关联的，但两者不是等同的概念。所谓灰平衡是用颜色测量仪器测量某视觉感受不带色相的中性灰色块，而被测色块是由不同色相的黄、品红、青色合成的。阶调复制则是指原稿上的中性灰色与印刷再现的中性灰之间的视觉和色相关系。

灰平衡是用来测量青、品红、黄三色油墨是否适合于实际印刷过程，具体方法是通过青、品红、黄三色以不同色相叠印来再现中性灰。在整个扫描、打样、输出以及印刷的过程中必须对各色版的色相值（Tone Value，TV）进行有效的监控和调整，以保证最终的中性灰效果。准确地再现中性灰对于印刷色彩复制来说是非常重要的。

2. 灰平衡曲线

灰平衡曲线（图6－14）。当达到中性灰时，把各色块中原色油墨的叠印密度与各个色版的网点面积的关系，通过曲线表示出来形成灰平衡曲线。以纵坐标表示各色版的网点面积，横坐标表示各色块的密度，再将各色版、各灰色块的网点面积标在坐标轴的相应位置上，就能画出灰平衡曲线。

通常情况，构成灰平衡的三原色中，青油墨要比品红和黄的比例多，亮调部分会高出3%左右，在中亮调部分高出10%左右。要绘制出灰平衡曲线，首先就得做出印刷测控条，然后进行测量数据收集整理及绘图。

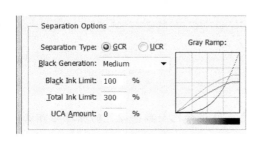

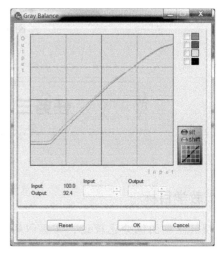

(a) Photoshop CS6　　　　　　　　(b) ProfileEditor

图6－14　灰平衡曲线

（1）色谱法。用实际印刷中要用的 C、M、Y 油墨网点渐变叠印制成色谱（如图6－15所示为 G7 进行灰平衡测试的 GrayFinder，彩色效果见彩插）。灰平衡图由一系列的色块组成，这些色块沿垂直方向品红值逐渐变化，沿水平方向黄色值逐渐变化。而青网点的大小在整个矩阵中是一致的，并由方阵的左上角的数值来确定。以 C 油墨平网作为基础，5%网点百分比为步长分级，Y 和 M 网点百分比在一定范围内变化叠印。在印刷出的色块中找出符合中性灰平衡的色块，得到此中性灰色块对应的 C、M、Y 的网点百分比，即得到了 C 网点在不同百分比时，M 和 Y 的灰平衡数据。

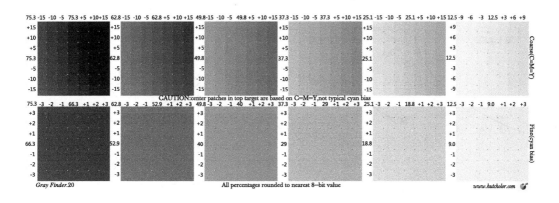

图 6 – 15　G7 灰平衡测试图 GrayFinder

（2）灰平衡方程计算。根据密度相加原理，三原色油墨叠印的合成密度等于各单色密度之和，这是灰平衡方程的理论基础。

$$\Psi_{Ye}D_{YB} + \Psi_{Me}D_{MB} + \Psi_{Ce}D_{CB} = D_{eB}$$

$$\Psi_{Ye}D_{YG} + \Psi_{Me}D_{MG} + \Psi_{Ce}D_{CG} = D_{eG} \qquad (6-1)$$

$$\Psi_{Ye}D_{YR} + \Psi_{Me}D_{MR} + \Psi_{Ce}D_{CR} = D_{eR}$$

式 6 – 1 中，D_{YB}、D_{MB}、D_{CB}、D_{eB} 为蓝滤色片所测各色及中性灰密度值；D_{YG}、D_{MG}、D_{CG}、D_{eG} 为绿滤色片所测各色及中性灰密度值；D_{YR}、D_{MR}、D_{CR}、D_{eR} 为红滤色片所测各色及中性灰密度值；Ψ_{Ye}、Ψ_{Me}、Ψ_{Ce} 为构成中性灰平衡密度时适量黄、品红、青各色油墨的比例系数。

灰平衡测试时，首先从印刷出的 C、M、Y、K 四个单色网点梯尺中选择再现性好的一组 C、M、Y、K 样张，测量其 R、G、B 三色滤色片下的密度值；然后计算构成各级中性灰密度所需要的适量黄、品红、青的密度值。

对于理想的中性灰，应有：$D_{eR} = D_{eB} = D_{eG} = D_e$。根据实验所得到的数据，对照灰平衡方程式，发现只有 Ψ_{Ye}、Ψ_{Me}、Ψ_{Ce} 为未知量，因此可以求出各级网点的各色油墨的比例系数，将其与对应的主密度相乘，得到构成各级中性灰密度所需要的适量的黄、品红、青的密度值。最后把上面所得的构成各级中性灰密度所需要的适量黄、品红、青的密度值用 Murray – Davies 公式转换为网点面积率，这样便得到了各级中性灰的 C、M、Y 网点百分比。

3. 阶调转换图

传统图像分色原理中，为了准确得到彩色图像复制曲线与理想的分色复制曲线，可通过转换图（图 6 – 16）分析。

转换图有四个象限，在第 Ⅱ 象限，水平轴均布着网点覆盖率值，纵轴为 Ⅰ 、 Ⅱ 象限所共用，标明的是印刷灰梯尺的密度值。第 Ⅰ 象限的水平轴则表示原稿梯尺的连续密度值。在第 Ⅱ 象限绘出黄、品红、青分色的网点覆盖率值对印刷灰梯尺密度值的关系曲线，Ⅱ 象限称灰平衡象限。在第 Ⅰ 象限，先画一 45°线，它是原稿的理想复制曲线。然后标绘出在三色和四色印刷的印张上得到的高密度值与原稿中找到的最高密度值的相交点。

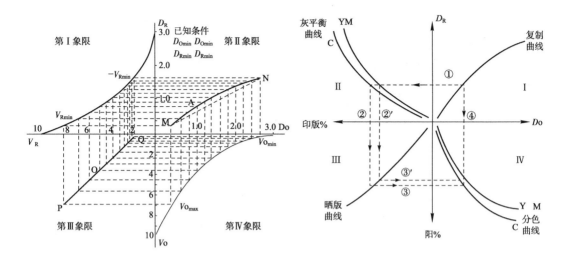

图 6 − 16　阶调转换坐标系

二、纽介堡方程分色

1931 年纽介堡导出了网点呈色的数学模型。若颜色的三刺激值为 X_1、Y_1、Z_1，颜色 n 的三刺激值为 X_n、Y_n、Z_n，则这些颜色相加混合后的三刺激值 X_n、Y_n、Z_n 为：

$$X = X_1 + X_2 + \cdots + X_n$$
$$Y = Y_1 + Y_2 + \cdots + Y_n$$
$$Z = Z_1 + Z_2 + \cdots + Z_n$$

在三色印刷时，设白纸的面积为 1，若第一次印黄色油墨，网点面积百分率为 y。这时纸面上呈现出黄与白两种颜色，它们所占的面积为：

黄	y
白	$1 - y$

第二次如果印品红色油墨，网点面积百分率为 m。印在原来的白纸上呈品红色，印在原来的黄网点上则呈现红色。这时纸面上总共呈现出品红、红、黄、白四色，它们所占的面积为：

品红	$m(1-y)$
红	ym
黄	$y - ym = (1-m)y$
白	$(1-y) - (1-y)m = (1-y)(1-m)$

第三次印青色油墨，网点面积为 c。当印在原来的白纸上呈现青色，印在红色网点上呈现黑色，印在品红色网点上呈蓝紫色，印在黄网点上呈现绿色。这时加上原来的品红、红、黄、白四色，纸面上总共有 8 种色点，它们的面积为：

青	$(1-y)(1-m)c$
黄	$y(1-m) - (1-m)yc = (1-m)(1-c)y$
品红	$m(1-y) - (1-y)mc = (1-c)(1-y)m$

红	$y\,m - y\,m\,c = y\,m\,(1-c)$
绿	$y\,c\,(1-m)$
蓝紫	$m\,c\,(1-y)$
黑	$c\,y\,m$
白	$(1-y)\,(1-m)\,-\,(1-y)\,(1-m)\,c = (1-y)\,(1-m)\,(1-c)$

假定这 8 种基本色的三刺激值如表 6-1 所示。

表 6-1　8 种基本色的三刺激值

颜色	三刺激值	在单位面积上所占比例
白	X_W、Y_W、Z_W	$f_W=(1-y)\,(1-m)\,(1-c)$
黄	X_Y、Y_Y、Z_Y	$f_Y=(1-m)\,(1-c)\,y$
品红	X_M、Y_M、Z_M	$f_M=(1-c)\,(1-y)\,m$
青	X_C、Y_C、Z_C	$f_C=(1-y)\,(1-m)\,c$
红	X_R、Y_R、Z_R	$f_R=(1-c)\,y\,m$
绿	X_G、Y_G、Z_G	$f_G=(1-m)\,y\,c$
蓝紫	X_B、Y_B、Z_B	$f_B=(1-y)\,m\,c$
黑	X_{BK}、Y_{BK}、Z_{BK}	$f_{BK}=c\,y\,m$

这 8 种基本色在视网膜上混合后的三刺激值为:

$$\begin{bmatrix} X \\ Y \\ Z \end{bmatrix} = f_W \begin{bmatrix} X_W \\ Y_W \\ Z_W \end{bmatrix} + f_Y \begin{bmatrix} X_Y \\ Y_Y \\ Z_Y \end{bmatrix} + f_M \begin{bmatrix} X_M \\ Y_M \\ Z_M \end{bmatrix} + f_C \begin{bmatrix} X_C \\ Y_C \\ Z_C \end{bmatrix} + f_R \begin{bmatrix} X_R \\ Y_R \\ Z_R \end{bmatrix} + f_G \begin{bmatrix} X_G \\ Y_G \\ Z_G \end{bmatrix} + f_B \begin{bmatrix} X_B \\ Y_B \\ Z_B \end{bmatrix} + f_{BK} \begin{bmatrix} X_{BK} \\ Y_{BK} \\ Z_{BK} \end{bmatrix}$$

(6-2)

Neugebauer 方程是基于颜色混合理论,其计算相对复杂,并且受多种因素的影响分色结果往往产生一定误差,因此新研究技术不断对其进行修正,如基于光谱数据的方程等。基于光谱数据方程的分色方法是目前印刷复制流程分色软件常用的分色方法,随着印刷复制技术的不断发展,值得对其应用规律进一步开展研究。

三、数字图像分色方式(以图像处理软件 Photoshop 为例)

目前,随着色彩管理技术的发展,数字图像的分色结合色彩管理的 ICC 特征文件,通过图像彩色模式的转换来实现。图像处理软件 Photoshop CS6 色彩转换的处理方式有两种,一种方式采用软件中的图像(Image)菜单中的模式(Mode)命令,将 RGB 模式的图像转换为 CMYK 模式的图像(图 6-17);另一种方式采用软件的图像(Image)菜单的模式(Mode)命令中的转换为配置文件(Convert to Profile)(如图 6-18 所示,在下拉式菜单的最下一个)。

1. 转换图像色彩模式的方式

采用这种方式(图 6-17)完成图像分色处理,则软件将采用内部所设定的 CMYK 工作空间的输出设备的特征参数进行处理。注意，如果用户不了解软件内部设定的设备特性，则这种方式处理的图像往往不能实现正确分色。

图6-17　转换图像色彩模式

2. 转换为配置文件（Convert to Profile）的方式

采用转换为配置文件（图6-18）处理时，用户可根据输出设备的特征文件进行正确的分色控制。首先用户可利用输出设备的特征文件进行图像分色；其次用户可通过自定义的方式，对图像分色处理中的各项参数，如油墨特征、印刷网点增大特征、黑版特征、最大墨量等参数加以控制，从而获得理想的图像分色效果。同时，采用此方式实现的图像分色处理，可利用色彩管理技术中的色彩转换方式，保证图像色彩分色印刷后的效果与显示效果尽可能一致。

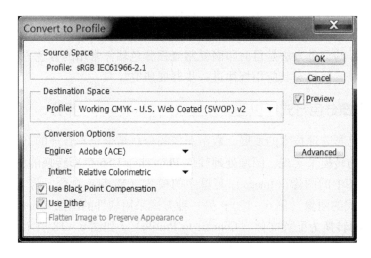

图6-18　转换为配置文件

训练题

一、判断题

1. 灰平衡是指用三原色叠印再现中性灰各级梯尺时，三原色油墨的网点百分比构成，不同的印刷状态下灰平衡不同。（ ）

2. 在 GCR 中，可以设置 K 油墨 100% 替代油墨。（ ）

3. 白场定标时，一般是将原稿的最白处定为白场。（ ）

4. 在颜色校正时，一般是将相反色全部减为零。（ ）

5. 如果品红的含量超过 20%，则绿色会变得晦暗。（ ）

6. 逆光拍摄的原稿则要做 S 形状调整，降低图像反差。（ ）

7. 白场、黑场应选择在原稿需要复制的主体上。（ ）

8. 阶调复制曲线是用曲线表达原稿和印刷品亮度之间关系。（ ）

9. 1931 年纽介堡导出了网点呈色的数学模型。（ ）

10. 由于 C、M、Y 色料的不纯，理想三维阶调空间将变成为一个扭曲的六面体。（ ）

二、选择题

1. CMY 网点配比呈现灰平衡的是_____。
   A. C20%、M20%、Y20%　　　　　　　　B. C20%、M30%、Y30%
   C. C20%、M18%、Y17%　　　　　　　　D. C20%、M13%、Y14%

2. _____原稿在定标时应该选择密度较高的点作为白场。
   A. 曝光过度的原稿　　B. 曝光不足的原稿
   C. 偏红的原稿　　　　D. 偏绿的原稿

3. 对于提高印刷适性的 UCR，去除范围就控制在_____。
   A. 高调　　　　　　B. 中间调　　　　　　C. 暗调　　　　　　D. 全阶调

4. 以下_____可实现图像处理软件 Photoshop CS6 中图像分色。
   A. 指定配置文件　　B. 转换为配置文件　　C. 嵌入配置文件　　D. 校样设置

5. Neugebauer 方程分色计算是基于_____理论。
   A. 颜色加色混合　　B. 光谱叠加　　　　　C. 同色异谱　　　　D. 颜色恒常

6. 阶调转换图有四个象限，其中 II 象限为_____。
   A. 阶调复制曲线　　B. 灰平衡曲线　　　　C. 晒版曲线　　　　D. 分色曲线

7. Photoshop 软件中使用色阶（Level）调整，黑色滑块向右拖动图像变_____，白色滑块向左拖动图像变_____。
   A. 亮，暗　　　　　B. 暗，亮　　　　　　C. 亮，亮　　　　　D. 暗，暗

8. 曝光不足的图像是把使用 Photoshop 软件中的曲线（Curve）应该_____，提亮画面。
   A. 往上拉　　　　　B. 向下拉　　　　　　C. S 型　　　　　　D. 反 S 型

9. 曝光过度的图像反映出来比较亮，调整把曲线的_____往下拉，增加图像灰度值。

    A. 高调　　　　　　B. 中间调　　　　　　C. 暗调　　　　　　D. 全阶调

10. 如果图像偏薄，反差小，针对这些图像，可以压缩_____调和_____调层次，使_____层次的反差大一些。

    A. 亮，暗，中间调　　　　　　　　B. 暗，中间调，亮

    C. 中间调，亮，暗　　　　　　　　D. 高光，中间调，暗

三、问答题

1. 举例说明利用颜色立体对图像颜色校正的方法。

2. 解释如何使用阶调转换曲线推导分色曲线。

3. 什么是灰平衡？如何获得设备灰平衡信息？

项目七　数字彩色图像的输出

任务一　数字彩色图像的存储

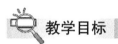 教学目标

本部分主要介绍印刷复制系统中数字图像常用的文件格式，如 TIFF、PDF 文件格式等的特点，以及文件格式中结合色彩管理的特点。

能力目标

掌握印前数字图像存储的常用格式。

知识目标

掌握印前数字图像文件的特点。

一、TIFF 文件格式

TIFF 是 Tagged Image File Format（标记图像文件格式）的缩写，此种文件格式是由 Aldus 和 Microsoft 公司为扫描仪和台式计算机出版软件开发的，是目前最通用的图像文件格式，可以跨平台读取使用。TIFF 图像可以保存 Alpha 通道；具有任何大小的尺寸和分辨率，在理论上它能够有无限位深，即每样本点 1 ~ 8 位、24 位、32 位（CMYK 模式）或 48 位（RGB 模式），能对灰度、CMYK 模式、索引颜色模式或 RGB 模式进行编码；TIFF 格式可包含压缩和非压缩像素数据，压缩方法（LZW）是非损失性的（图像的数据没有减少，即信息在处理过程中不会损失），能够产生大约 2:1 的压缩比，可将原稿文件消减到一半左右。

二、1 – bit TIFF 文件格式

1 – bit TIFF 文件就是以 TIFF6.0 格式保存的位图点阵数据，即二值单色图像。1 – bit

TIFF 文件在数字化工作流程领域有着重要的应用。

前端排版软件生成的 PS 或 PDF 文件由 RIP 解释后，生成能够满足后端输出精度的 1 – bit TIFF 文件，再由能够接受 1 – bit TIFF 文件的拼版软件进行拼版。由于该文件的数据量较大，所以文件在进入拼版软件之前通常要经过一些处理，形成低分辨率的小档文件，专门用于在拼版软件中进行拼版预览，这样可以大大提高拼版速度。拼版完成后根据需要输出到不同的输出设备，如数码打样机、激光照排机、计算机直接制版设备等，再用高分辨率的文件将低分辨率的小档文件替换掉，以保证输出精度。

三、EPS 文件格式

EPS（Encapsulated PostScript）文件格式可用于像素图像、文本以及矢量图形的编码。如果 EPS 只用于像素基图像（例如选择 Adobe Photoshop 程序作为输出），加网信息以及色相复制转移曲线可以保留在文件中。EPS 格式是一种与设备无关的图像格式，它可以使图像中的白色区域保持为透明，可以保存专色，支持多色相图像，这些都是 TIFF 格式不能实现的。但要注意，EPS（DCS）格式是分色图像文件格式。

四、JPEG 文件格式

JPEG 使用了有损压缩格式，这就使它成为迅速显示图像并保存较好分辨率的理想格式。JPEG 格式的主要不足之处也正是它的最大优点，也就是说，有损压缩算法将 JPEG 只局限于显示格式，而且每次保存 JPEG 格式的图像时都会丢失一些数据。因此，通常只在创作的最后阶段以 JPEG 格式保存一次图像即可。

五、PDF 文件格式

PDF 全名是 Portable Document Format，中文是可携带文件格式。PDF 是将原本输出的 PS 文件转换成页面的资料库，并将原文件内的字体、图像、图形转换成适合多种用途的文件格式，即同一文件可被应用于不同的输出方式，例如数码打样、拼大版、输出胶片、CTP、数字印刷、网上传送、浏览及电子书等。

PDF 经过了 10 年的发展，PDF 文件格式由 1992 年 PDF1.0 到 2008 年发布的 PDF1.7 版本。表 7 – 1 是不同版本支持色彩能力的比较，其中 PDF1.3 及 PDF1.4 版本才支持 ICC 色彩管理。

表 7 – 1　PDF 文件的发展

	PDF 1.0	PDF 1.1	PDF 1.2	PDF 1.3	PDF 1.4	PDF1.5	PDF1.6	PDF1.7
发布时间	1992	1994	1996	1999	2001	2003	2005	2008
色彩模式	RGB	RGB、CMYK	RGB、CMYK 及专色	部分支持 ICC 色彩管理	完全支持 ICC 色彩管理	完全支持 ICC 色彩管理	完全支持 ICC 色彩管理	完全支持 ICC 色彩管理

六、数字图像文件的色彩管理

1. TIFF 格式

TIFF 格式支持在文件中嵌入色彩信息 ICC 特征文件（图 7 - 1）。通过输入不同输出状态下的特征文件，实现色彩转换与控制。1 - bit TIFF 文件格式是图像经过二值化后的加网点阵结果，色彩信息已经过分色处理，因此在保存该文件前色彩转换与控制已经完成，故此文件格式不支持色彩管理技术。

2. EPS 格式

EPS 格式支持在文件中嵌入色彩信息 ICC 特征文件（图 7 - 2）。EPS 文件可嵌入两个颜色信息文件，一个是校样设置信息，另一个是 ICC 特性文件。当选择嵌入校样设置色彩信息时，图像文件的色彩信息将按校样设置中的信息进行转换，即所有图像上的色彩信息都将按校样设置的特征进行转换。当选择 ICC 特性文件时，图像文件的色彩信息仅带有输出状态的信息，而图像的色彩信息将不会发生任何变化。

图 7 - 1　**Photoshop 存储 TIFF 格式**

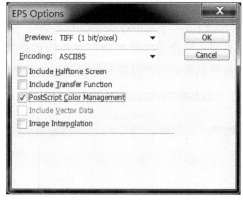

图 7 - 2　**Photoshop 存储 EPS 格式**

PostScript 色彩管理将文件数据转换为打印机的颜色空间。如果打算将图像放在另一个有色彩管理的文档中，请不要选择此选项。只有 PostScript Level 3 打印机支持 CMYK 图像的 PostScript 色彩管理。若要在 Level 2 打印机上使用 PostScript 色彩管理打印 CMYK 图像，请将图像转换为 LAB 模式然后再以 EPS 格式存储。

3. JPG 格式

JPG 格式支持在文件中嵌入色彩信息 ICC 特征文件（如图 7 - 3 所示）。通过输入不同输出状态下的特征文件，实现色彩转换与控制。

图 7 - 3　Photoshop 的 JPG 格式存储

4. PDF 格式

PDF 格式对色彩管理的支持类似于 EPS 文件格式。即 PDF 文件支持嵌入两个颜色信息文件（图 7 - 4），一个是校样设置信息，另一个是 ICC 特性文件。同样，当选择嵌入校样设置色彩信息时，图像文件的色彩信息将按校样设置中的信息进行转换；选择 ICC 特性文件时，图像文件的色彩信息仅带有输出状态的信息，而图像的色彩信息将不会发生任何变化。

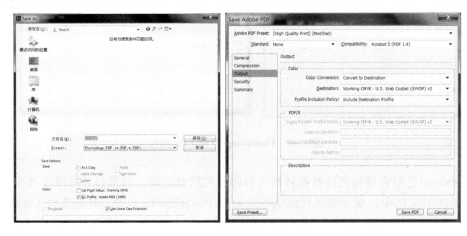

图 7 - 4　Photoshop 的 PDF 存储

（1）Photoshop 中的设置。可以在"Adobe PDF 选项"对话框的"输出"部分中设置以下选项。取决于是否启用了色彩管理，以及选择了哪个 PDF 标准，"输出"选项之间的交互将发生变化。

①颜色转换。指定如何在 Adobe PDF 文件中描绘颜色信息。在将颜色对象转换为 RGB 或 CMYK 时，请同时从弹出式菜单中选择一个目标配置文件。在颜色转换过程中将保留所有专色信息；只有最接近于印刷色的颜色才会转换为指定的颜色空间。

②无转换。按原样保留颜色数据。在选择了"PDF/X-3"时，为默认值。

③转换为目标配置文件。将所有颜色转换成为"目标"选择的配置文件。是否包含配置文件是由"配置文件包含方案"确定的。

当选择了"转换为目标配置文件"，而"目标"与文档配置文件不匹配时，选项旁边将出现一个警告图标。

④目标。描述最终 RGB 或 CMYK 输出设备（如显示器或 SWOP 标准）的色域。通过使用此配置文件，Photoshop 会将文档的颜色信息（由"颜色设置"对话框"工作空间"部分中的源配置文件定义）转换为目标输出设备的颜色空间。

⑤配置文件包含方案。确定是否在文件中包含颜色配置文件。

⑥输出方法配置文件名称。指定文档具有特色的打印条件。对于创建遵从 PDF/X 的文件，输出方法配置文件是必需的。只有在"Adobe PDF 选项"对话框中选择了一个 PDF/X 标准（或预设）时，此菜单才可用。可用的选项取决于是否启用了色彩管理。例如，禁用了色彩管理，该菜单只会列出可用的打印机配置文件。如果启用了色彩管理，除了其他预定义的打印机配置文件外，该菜单还会列出为目标配置文件（假设它是 CMYK 输出设备）选择的相同配置文件。

⑦输出条件。描述预期的打印条件。对于 PDF 文档的预期接收者而言，此条目可能十分有用。

⑧输出条件标识符。指向有关预期打印条件的更多信息的指针。对于包含在 ICC 注册中的打印条件，将会自动输入该标识符。

（2）Acrobat PRO 中的色彩设定。先前的 Acro-bat 版本中，很少兼容和支持标准的色彩管理方案，随着 Acrobat 支持 ICC Profile 和各种 CMYK 文件，Acrobat 4 可以给用户提供支持色彩管理的 PDF 文件使其输出结果无可挑剔。

利用 Acrobat 4.0 的 Distiller 制作 PDF 文件时，首先通过选择作业的形式来决定 PDF 文件的用途。其中有多种选择（图 7-5），一个是高质量打印与印刷质量；另一个 PDF/A 与 PDF/X 文件标准；以及一些用于浏览与传输的小容量文件形式。不同形式的 PDF 文件所含的参数内容各不相同，所以必须根据用户的需求选择正确的文件形式。

使用 Acrobat Pro 生成 PDF 文件时，为保证 PDF 文件中包含正确的色彩管理设置信息，需要对 Acro-bat Pro 中的作业进行正确的设定，如图 7-6 所示。

图 7-5　Acrobat PRO 中
PDF 文件用途选择

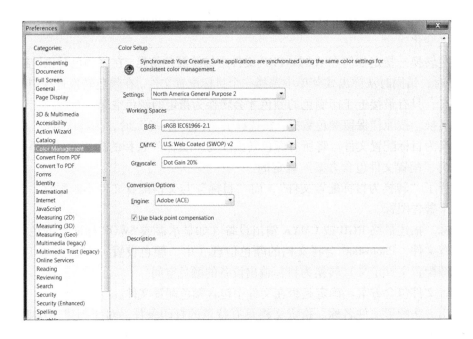

图 7-6　Acrobat Pro 色彩管理设置信息

在 Color 选项的 Setting 中可选用不同的色彩管理模式，如想设定自己要求的色彩管理模式应选 None。

在 Color Management Policies 的选项中共有五种，Leave Color Unchanged 是转换 PDF 文件时，保留所有数值不变，如图像文件已经满足输出工序的要求并已设定好色彩管理模式，可选用此选项；Tag Everything for Color Mgmt（no conversion）是保留所有数值不变，但将 Working Spaces 中所选定的 ICC Profile 内嵌于 PDF 文件内，方便下一个工序的工作人员知道文件的源特征文件；Tag Only Images for Color Mgmt（no conversion）与上一个选项功用相同，但仅影响点阵图像部分，文字与图形中色彩则没有影响，如页面内的图像是 RGB 模式，而文字及外框图形是 CMYK，或者是想文字部分不要转换色彩，则可选用此选项；Convert All Colors to sRGB 是 PDF 文件将来用于网页或一般展示用途可选用此选项，因这个选项转换成的 PDF 文件容量较小，方便传输；Convert All Colors to CMYK 是将 PDF 文件中所有的色彩模式转换为 CMYK 色彩模式，转换的依据为工作空间所指定的 CMYK 设备特征文件。

（3）使用 Acrobat 实现 PDF 文件的打样。从 Acrobat Pro 的菜单 Tools 选 Print Production - > Output Preview，跟着选取适当的输出设备特征文件，再于这菜单下启动 Proof Colors，这样便可看到准确预览的色彩，如图 7-7 所示。

通过窗口中的 Ink Manager 还可调节四原色墨的最大密度值，调节结果将直接反映在图像上，如提高某色的密度值则图像将偏向相应的颜色。同时，也可预示最大墨量的情况，可查看图中加暗的部分及为输出设备超出最大墨量的区域。

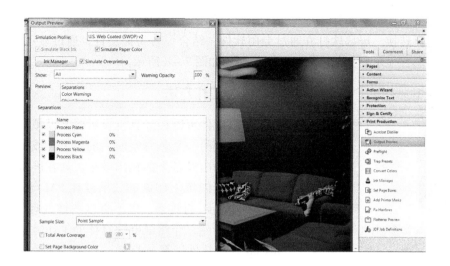

图7-7 屏幕软打样

任务二 屏幕软打样

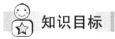 教学目标

数字图像的色彩效果常通过显示器进行评价，屏幕软打样是数字图像通过显示器正确再现的方法，理解屏幕软打样的原理，并掌握屏幕软打样的实现方法。

能力目标

掌握使用图像处理软件（Photoshop CS6）完成屏幕软打样的方法。

知识目标

掌握印刷屏幕软打样的原理。

所谓屏幕软打样就是在屏幕上仿真显示印刷输出的彩色图像效果的打样方法。这种打样技术是除在纸张上打样以外的另一种打样技术。软打样通过使用输入设备、输出设备和显示器的相应转换表来显示复制品中最终出现的图像精确样式。

一、工作原理

屏幕软打样的关键技术在于屏幕的精确校正和整个系统的色彩管理，其中屏幕校正就是对显示器进行测试和调整，使其特性符合某种状态的设备特征，或产生符合当前工作状态的设备特征文件。色彩管理系统将显示器色彩空间和打印机与胶印机色彩空间中的颜色之间相互仿真转换。屏幕软打样通过专用软件,结合设备特征文件,通过显示设备校正,完成图像色彩在显示器上的模拟。其工作原理如图7-8所示。

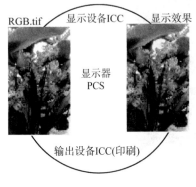

图7-8 屏幕软打样原理图

二、工作方法

屏幕软件可以在计算机显示器上模拟从一个色彩空间转换到另一个色彩空间后的效果,或一个图像文件在特定输出设备上的输出效果。如在屏幕上模拟一幅图像在新闻纸上印刷的效果或在 PAL/SECAM 制式电视机中显示的效果。以下将以图像处理软件 Photoshop CS6 为例,介绍屏幕软打样的工作方法。在 Photoshop CS6 软件屏幕软打样过程中,图像经历两次色彩空间的转换,即从图像文件源设备色彩空间 A 转换到特定输出设备的色彩空间 B,再转换到当前显示器的色彩空间 C。

通常,利用 Photoshop 软件中的视图(View)中的校样颜色(Proof Colors)命令便可启动屏幕软打样功能,但常用的方法是通过校样设置(Proof Setting)命令首先设置屏幕软打样所要模拟的实际色彩空间及其色彩转换控制参数,如图7-9所示。

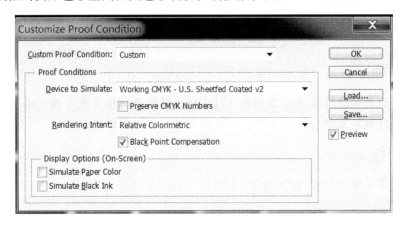

图7-9 Photoshop CS6 中校样设置

如果用户要经常使用自定义的软打样设置,可以将设置参数通过"Save"按钮保存在一个 PSF 格式的文件中,待以后需要时再通过"Load"按钮加以调用。通过在计算机屏幕显示一个文件的多个副本窗口,可以同时模拟该文件在不同输出条件下的实际效果。

三、软打样控制参数

软打样控制参数如图7-9所示。

1. 配置文件设置

配置文件设置提供了对软打样所要模拟的目标设备色彩空间的选择,只要目标设备色彩空间的设备特征文件已经存放在计算机操作系统的系统文件夹中，就可被软件所调用。使用软打样功能时，用户需要根据打样生产的实际需求选择正确的输出设备特征文件。

2. 保留色彩值

该复选框仅在同一类设备色彩空间的色彩转换与模拟的过程中才有效，即当从一个RGB设备色彩空间转换到另一个RGB设备色彩空间，或从一个CMYK设备色彩空间转换到另一个CMYK设备色彩空间时才会被激活。

如果核准了该选项，图像文件的像素值将保持不变，这实际上相当于没有对图像实施色彩转换。如果不核准该选项，则可通过将文件保存为EPS格式时，通过嵌入校样设备特征文件的方式对色彩进行转换，从而尽量保证图像色彩的准确性。如图7－10所示。

3. 色彩转换意图

色彩转换意图规定了处理大色域设备色彩空间转换到小色域设备色彩空间的方式。Photoshop支持ICC标准所提出的四种色彩转换方式，即可觉察式、饱和度式、相对比色式和绝对比色式。

4. 使用黑场补偿

该选项用于控制与调整从图像源设备色彩空间转换到目标设备色彩空间过程中的黑场差异。核准此项使得图像源设备色彩空间的黑场映射为目标设备色彩空间的黑场，以便图像源设备色彩空间的整个动态范围映射到目标设备色彩空间的整个范围，可避免图像暗调层次的损失。

5. 模拟设置

此项参数用于控制从打样目标色彩空间到显示器色彩空间的色彩转换。核准纸白（Paper White）选项，将采用绝对比色匹配方式进行色彩转换。此方式可在显示器上模拟显示由目标设备特征文件所定义的实际承印物的底色，以及底色对图像色彩的影响。此时，油墨黑（Ink Black）选项将自动被核准且变灰。核准油墨黑（Ink Black）选项时，将自动关闭黑场补偿功能。如果打样设备色彩空间的黑场比显示器的黑场亮，软打样结果看到的将是发白的黑色。

如果不核准纸白与油墨黑选项，从打样设备色彩空间转换到

图7－10 保存校样设置信息

显示器色彩空间时，将根据相对比色匹配方式进行转换，同时将核准"黑场补偿"。这意味着目标设备色彩空间的白场和黑场分别采用显示器的白场和黑场来再现。

任务三 数字彩色图像的打印

教学目标

数字图像的打印是图像输出主要方式，掌握图像处理软件 Photoshop CS6 正确输出数字图像的技术。

能力目标

(1) 掌握打印机特征化的方法。
(2) 掌握使用图像处理软件（Photoshop CS6）正确打印输出彩色数字图像的技术。

知识目标

掌握数字图像输出色彩管理的原理与方法。

一、打印控制

打印机作为一种主要彩色输出设备其在彩色复制工艺中充当着十分重要的角色，Adobe Photoshop CS6 中的打印（Print）［图 7 - 11（a）］输出色彩管理控制功能，可使用户在没有专业色彩管理输出软件的条件下控制彩色数字图像的色彩输出质量，达到高保真的彩色输出效果。

1. 打印机色彩管理（Printer Manages Colors）

在该功能中，使用"打印机管理颜色"时，打印输出将使用打印机设置中所嵌入的打印机特征文件，色彩转换与控制由打印机的转换器完成。

同时，选用此功能时还可以进一步选择"常规打印（Normal Printing）"或是"硬打样（Hard Proofing）"。常规打印通过打印机内部的转换完成色彩转换，色彩转换意图可以选择 ICC 所提供的四种基本意图，可感知（Perceptual）、饱和度（Saturation）、相对比色（Relative Colorimetric）与绝对比色（Absolute Colorimetric）。硬打样则可以打开软件中校样设置［图 7 - 11（b）］的命令进一步对输出设备的特征文件进行配置。

注意：选择"打印机管理颜色"功能，还需要配合打印设置才能达到控制效果。如在打印机设置程序中选择"高级"，正确设置"质量选项"和"纸张类型"，将"色彩管理"选择为"色彩控制"。

(a)   (b)

图 7 – 11 Photoshop CS6 打印控制

2. Photoshop 色彩管理（Photoshop Manages Colors）

使用"Photoshop 管理颜色"时，则可设置打印机配置文件，并通过设置的设备特征文件与转换方式（渲染方式）完成色彩的转换与控制。此外，使用此功能还可根据打印输出的实际情况，选择是否预览"匹配打印颜色"、"色域警告"、"显示纸张白"。

如输出设备具有分色输出功能，则可进一步设定"分色"输出时的色彩管理参数。

二、打印色彩控制

正确地输出彩色数字图像需要对打印设备进行相应的色彩管理，而打印机色彩管理的首要步骤就是在打印机正常工作的前提下对其进行特征化。

打印机特征化的过程如下（专业软件 ProfileMaker 5.10 为例进行说明）。

1. 输出测试条与生成测量文件

（1）利用打印系统输出一个测试条。所有的测试条文件都保存在 ProfileMaker 软件的安装盘中的 Testcharts 文件夹中。测试条文件都是 TIFF 文件的类型。选择标准的色表文件进行输出，选择色表文件时需要注意不同的测量仪器所对应的色表的排列顺序不同，因此打印的色表文件一定要与所使用的测量仪器相匹配。

通常可根据文件来区分色表的特征，如测量仪器为 DTP41，则与其对应的色表文件将放置于名为 DTP41 的文件夹内。打印输出时需要注意，打印机完成线性处理后方可进行色表的输出，同时输出色表时必须将打印控制程序中的色彩管理功能设定为关闭状态。

（2）打开软件的测量工具软件，选择测量仪器与端口（图 7 – 12）。注意，选择时必须包含对测量模式的选择，对于打印色表测量应该选择反射型测量模式（Reflection）。

（3）点击测试条选项，选择与输出的测试条相对应的参考文件。如打印色表为 IT8.7/3 的色表，则应选择测试名称为 IT8.7/3CMYK Target。选择完成后，开始测量并保存测量数据。

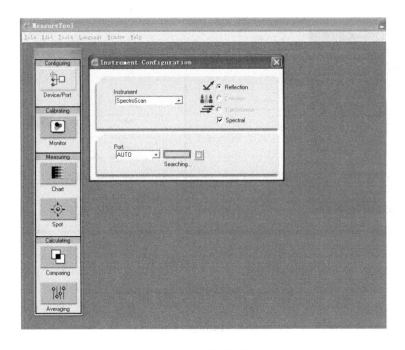

图7-12 选择测量仪器与端口

2. 制作特征文件

（1）点击打印机（Printer）按钮（图7-13）。

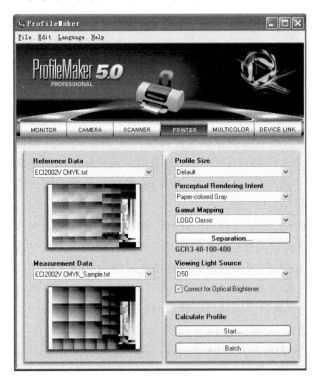

图7-13 打印机特征化

（2）选择参考文件与测量文件。

（3）设置特征文件的大小。

（4）设置中性灰处理方式。

①针对可感知转换意图与色度转换意图可选择三种不同的色域变量（Gammut Mapping）。LOGO Classic，它处理的重点在于较明亮的图像复制，以及处理线画稿与复制品的细节；LOGO Colorful，它处理的重点是最大程度地保留颜色的饱和度，并可以实现基本的清晰再现；LOGO Chroma Plus，它处理的重点是高饱和度图像，可以保留图像细节并使其损失最小，其处理的线条稿会有少量的损失。这些色域变量的不同主要会影响到颜色转换时所采用的四种不同转换方式，但是影响最大的是对于可感知与饱和度优

先的转换方式。

②选择油墨分色参数（图 7 - 14），并以此参数来决定黑色的生成。油墨分色设置的对话框中分为三个部分。在最上部首先可以选择油墨分色参数的设置形式，采用用户自定义（Custom），或者预设置的值（Predefined）。预设置中包含胶印模式、凹印模式、打印机模式等多种输出方式。其中主要包括的参数有：

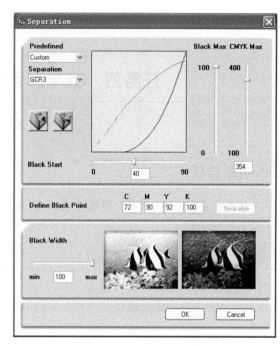

图 7 - 14　输出分色设置

● 最大墨量（CMYK MAX）：在印刷工艺中的色彩控制中，最大墨量的控制对于印刷复制的效果影响十分大。最大墨量值设定过高，则会引起油墨干燥过慢，产生印刷品印迹模糊，背面粘墨等故障，严重地影响产品质量；最大墨量过低，则也会引起印刷品颜色过浅、图像层次不清、反差小等问题。因此为保证印刷过程的顺利，特别是多色印刷的适性，设定最大墨量需要根据实际生产中印刷机所能印刷的四色油墨的上限，

印刷机种类和承印物等条件，通常常规胶印的最大墨量为 360，而报纸印刷的最大墨量则为 270。

● 最大黑墨量（BLACK MAX）：最大黑墨量是图像的暗调区域允许的黑墨最大值，为输出设备设置的暗调点，它限制了黑版的墨量，对暗调区域造成一定的影响，将改变黑色生成函数曲线的形状。最大黑墨量由实际生产中印刷机能够印刷的最大黑墨网点百分比值决定，黑墨量越大图像黑色部分就越黑，特别是图像暗调部分，但也会因此而减少一些层次。当黑色替代选择 Light 时，95% 阶调对应的四色墨量分别为 C 84%、M 8%、Y 3% 和 K 69%，图像印刷后暗调层次丰富，弥补了暗调区域因黑墨的减少而形成的密度不足。

● 黑版起始点（BLACK START）：黑版起始点决定印刷时黑色首次出现于某个网点百分比值。根据印刷复制工艺标准中的分色工艺，常规印刷分色工艺包括 UCR 与 GCR 两种复制工艺，不同的工艺所对应的黑版起始点不同。此外，也可根据实际生产情况与不同印刷方式的特点进行设定。起始点越小，则出现黑网点的位置就较早，例如一些人物的复制，如果印刷线数较低时，不希望在人物脸部出现黑点，就需要将起点设定得较大一些。

● 灰平衡（NEUTRALICE）：所谓灰平衡就是黄、品红、青三原色油墨，按不同比例和墨量进行叠印，印出不同深浅的灰色。灰平衡对印刷彩色复制十分重要，因此必须根据油墨的特性，与印刷机的复制特性，才能得到正确的灰平衡参数。

● 黑版的宽度（BLACK WIDTH）：黑版宽度确定图像高饱和度的区域中黑色的比例。黑色宽度大则图像中高彩度区域的黑色比例相对高，反之则比较低。通过图像打开设置不同的数值，可以清晰地观察出不同黑版宽度对图像效果的影响。

（5）计算特征文件并保存成后缀为 ICC 的特征文件，放入系统文件夹中。

任务四　数字彩色图像输出实验

 教学目标

掌握打印机特征化方法，图像处理软件 Photoshop CS6 正确输出数字图像的技术，软打样显示与输出技术。

能力目标

（1）掌握打印机特征化的方法。

（2）掌握使用图像处理软件（Photoshop CS6）正确打印输出彩色数字图像的技术。

知识目标

掌握 Photoshop CS6 图像输出。

实验目的

掌握打印机线性校正、特征化方法与过程，并理解与应用打印机特征文件。利用 Photoshop CS6 完成彩色图像软打样与打印输出，以实现彩色数字图像彩色再现的控制。

实验器材

- 彩色喷墨打印机 EPSON STYLUS PRO 7600；
- 专用打印纸 EYECOLOR515；
- 专业数码打样软件 EFI Colorproof XF；
- 线性色表等电子色表文件；
- 分光光度测量仪 GretagMacbeth Eyeone；
- Photoshop CS6；
- 1 幅标准 RGB 图像文件；
- 1 张与 RGB 图像文件相对应的印刷样张。

实验步骤

（1）设备开机预热，安装打印纸张。

（2）运行 EFI Colorproof XF 软件，正确设置参数，运行色彩管理功能。

（3）"创建基础线性"，打印②～⑤色表，连接分光测色仪进行色表的测量，确定打印机的基本工作状态，完成校正。

（4）"建立打印介质概览"，打印 IT8 色表，测量数据，计算打印机特征文件。

（5）使用 Photoshop CS6 软件结合打印机特征文件进行软打样。

（6）使用 Photoshop CS6 的"打印"输出彩色标准图电子文件。

（7）对输出样张进行色彩评定，并进一步调整输出参数，或调节相应的特征文件。

（8）再次输出样张，并测量样张中色块的色度值，分析记录色差值。

（9）利用分光光度测量仪测量线性打印色表上的色块颜色值。

实验结果

（1）利用分光光度测量仪测量屏幕样张与印刷样张的差别，并计算色差。

（2）分析样张输出效果与标准印刷品的差异，并分析其中的影响因素，写出相关性分析报告。

训练题

一、判断题

1. TIFF 是 Tagged Image File Format（标记图像文件格式）的缩写，由 Adobe 和 Microsoft 公司为扫描仪和台式计算机出版软件开发，可以跨平台读取使用。（　　）

2. 1 – bit TIFF 文件就是以 TIFF6.0 格式保存的位图点阵数据，即二值单色图像。（　　）

3. JPEG 使用有损压缩格式，是迅速显示图像并保存较高分辨率的理想格式。（　　）

4. PDF 是将原本输出的 PS 文件转换成页面的资料库，同一文件可被应用于不同的输出方式。（　　）

5. PDF 文件支持有损的 JPG 压缩。（　　）

6. 最大墨量值设定过低，会引起油墨干燥过慢，产生印刷品印迹模糊，背面粘墨等故障。（　　）

7. 黑版起始点决定印刷时黑色首次出现于某个网点百分比值。（　　）

8. 设定最大墨量需要根据实际生产中印刷机所能印刷的四色油墨的上限，与印刷机种类和承印物等条件，通常常规胶印的最大墨量为 270。（　　）

二、选择题

1. 用 ProfileMaker 5.10 软件制作打印机的特性文件，针对可感知转换意图与色度转换意图可选择_____种不同的色域变量（Gammut Mapping）。

   A. 2 　　　　　　　B. 3 　　　　　　　C. 4 　　　　　　　D. 5

2. 用 ProfileMaker 5.10 软件制作打印机的特性文件，色域变量中_____处理的重点是最大程度地保留颜色的饱和度。

   A. LOGO Colorful 　　　　　　　　　B. LOGO Chroma

   C. LOGO Chroma Plus 　　　　　　　D. LOGO Classic

3. 用 ProfileMaker 5.10 软件制作打印机的特性文件，色域变量中_____处理的重点是高饱和度图像。

   A. LOGO Colorful 　　　　　　　　　B. LOGO Chroma

   C. LOGO Chroma Plus 　　　　　　　D. LOGO Classic

4. 黑墨量越_____图像黑色部分就越_____，特别是图像暗调层次会_____。

    A. 大，黑，损失   B. 小，黑，损失

    C. 大，亮，增加   D. 小，亮，损失

5. 最大墨量过低，则也会引起印刷品_____。

    A. 颜色过浅   B. 颜色过深   C. 暗调并级   D. 亮调并级

6. 1-bit TIFF 文件的数据量大，是一个_____图像文件。

    A. 复合色   B. 单色   C. 彩色   D. 多色

7. 黑版宽度（Black Width）大则图像中高彩度区域的黑色比例_____。

    A. 低   B. 高   C. 为 0   D. 不能确定

三、问答题

1. 说明印前常用存储图像的格式有哪些？各有何特点。

2. 叙述打印机特征化的过程。

3. 分析使用 Photoshop 软件如何设置实现显示图像与打印输出图像色彩一致？

模块三

输出与打样

项目八　印前直接制版中的色彩控制

任务一　CTP 线性化

教学目标

直接制版技术是数字印前技术的主要输出技术，直接制版系统的线性化处理是数字印前输出质量控制的前提，掌握直接制版系统的线性化原理，以及直接制版系统线性化处理技术。

能力目标

掌握 CTP 制版线性化方法与基本步骤。

知识目标

掌握 CTP 制版线性化的原理。

直接制版技术（CTP）是近代印刷数字化的一个重要技术发展成果。CTP 流程简化了印刷生产流程，可实现印刷工艺的高精度控制。

CTP 线性化目的是建立数字印版文件的网点与印版上网点的关系，以控制最终曝光后印版上网点的大小，通常通过两个步骤完成。第一步是做印版线性化（Plate Linear），使制作输出的版上测量的网点面积率与数字电子文件中所定义的阶调值一致，即 10% 网点阶调在输出的版上也是 10% 的网点面积率；第二步，制作印刷补偿曲线，即印刷补偿线性化，即使印版输出的网点面积率为印刷的目标曲线，如数字电子文件 50% 的阶调值在印版上输出后需要为 42%，经过印刷后形成与数字文件一致的网点阶调值。

一、印版线性化（Plate Linear）

所谓 CTP 印版的线性化即阶调值与印版输出值的转换曲线为 45° 的一条直线，但是由于激光器的性能、扫描精度、CTP 版材特性以及显影条件的不同，CTP 制版系统输出的网点阶调往往与数字电子文件上定义的阶调值不同。

首先对 CTP 制版设备进行测试，标定其激光器使制版设备达到正常的曝光状态；测试 CTP 印版，确定正确的印版分辨率与显影条件。

其次，不加任何曲线的状态下输出的单色 0 ~ 100 阶调的数字测试文件。印版输出后，对印版进行准确测量，以获得实际输出印版上的网点阶调值。

印版线性曲线是如图 8 - 1 所示的直线，因此从线性曲线，即 45°的线性直线上取一点向实际测量曲线画水平线与其相交，由交点向下画垂线与线性曲线相交，然后从交点沿横轴正方向画水平线，直线长度与上方的水平线相等，然后在线性曲线上多取几个点，按相同的方法找到线性曲线下方的点，最后将这些点连接起来就得到了印版线性曲线（图 8 - 1）。

二、印刷补偿曲线

在实际流程软件中，往往集成了印版线性曲线与印刷补偿曲线为一体。以方正畅流软件为例，方正畅流中有印版线性曲线（校正曲线）、微调曲线、印刷反补偿曲线、印刷补偿曲线四条曲线。这四条曲线的实现，是一个复合函数的关系，即把四条曲线通过计算复合成一条曲线，然后给程序调用计算点阵。它们先后计算的顺序是：反补偿→微调→补偿→线性化。

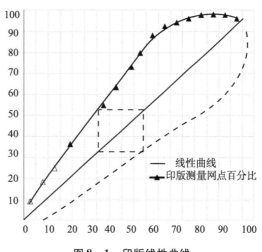

图 8 - 1　印版线性曲线

1. 印版线性曲线（校正曲线）

线性化曲线就是对输出设备进行校正，以确保电子文件与输出印版上的网点大小相同。输入值为测量值，作用效果和测量值相反。

2. 微调曲线

在数字打样或印刷时颜色有轻微的偏差，可以用微调曲线对色版的网点值进行微调，以解决校正输出后的色彩问题。仅做细微调节，输入值为目标值。

3. 印刷反补偿曲线

若用户在前端图像分色或在印前制作时，考虑了某种设备的印刷曲线，比如在扫描图片时已加入了补偿的效果。但如果在另外的设备输出时，必须先把原来加的补偿去掉，消除前端补偿处理的曲线就叫印刷反补偿曲线。输入值与加入的补偿曲线相同。

4. 印刷补偿曲线

它可对由于印刷而造成的网点增大做相应的补偿处理。它是用来做印刷机和相关油墨、纸张的校准，输入值应该为测量值的正常网点增大率，作用效果和测量值相反。

三、建立 CTP 线性化的步骤

1. 印版的测量

（1）用 Illustrator 图形处理软件制作 5×6 包含 30 块 0~100% 的色块图，在流程软件中选用圆型网点（即方圆型）以 2540dpi、175lpi 不加任何线性曲线。

（2）在流程中设定相应的参数：线性化曲线 – NONE，微调曲线 – NONE，印刷补偿曲线 – NONE，印刷反补偿曲线 – NONE。

（3）加网解释，在 CTP 版材上输出单色版。

（4）使用印版测量仪测量该版材中 50% 处的 9 个色块的网点面积率，以判断版材上网点的均匀性，要求平均误差≤2%。

（5）测量 0~100% 各色块，得到第一次印版的网点面积率，计算它们的平均值。

2. 制作线性化曲线

在流程中选取"输出设备→曲线管理→PDF 加网"，输入在印版上各色块所测得的网点面积平均值。输入时要特别注意线性化曲线的光滑度，不要有突变，必要时可以忽略个别控制点。

得到的印版线性文件加到"线性化曲线"之中，并再次加网输出印版测量，以验证曲线是否符合要求。若没有达到要求，可以循环几次以得到满意的印版线性化曲线。最终实测值与需要的值基本一致，如在 50% 网点处，印版实测输出值为 50% ±1% 即可。

将需要印刷的测试文件应用之前得到的线性化曲线在工作流程中加网并输出印版。

3. 制作印刷补偿曲线

（1）用 Illustrator 图形处理软件制作色阶梯尺，网点百分比值见表 8 – 1 的"梯尺网点百分比值"所对应的列的数值。

表 8 – 1　梯尺网点百分比值

梯尺网点百分比	期望印品网点百分比（ISO 标准）	印版测量网点百分比
0	0	0
2	3.1	6
4	6.3	11
6	9.4	16
10	15.7	23
20	30.5	40
30	44.3	55
40	56.9	66
50	68.4	76
60	78.3	83
70	86.5	89
80	93	94

续表

梯尺网点百分比	期望印品网点百分比（ISO 标准）	印版测量网点百分比
90	97.5	98
96	99.3	100
97	99.5	100
98	99.7	100
99	99.8	100
100	100	100

（2）根据 ISO 印刷标准确定期望的印品网点百分比值（如表 8－1 第二列所示，以 ISO12647－2 为标准）。

（3）测量输出后印版上对应色阶上的网点百分比值（如表 8－1 第三列所示）。

（4）绘制网点阶调曲线（图 8－2）并推算线性补偿各阶调的网点百分比值。下面以梯尺 50% 网点处为例，介绍一下线性化补偿曲线的生成原理。

①从 50% 处做垂线，与期望值曲线相交于 A 点。

②从 A 点做水平线，与当前设备复制曲线相交于 B 点。

③从 B 点做垂线与 45°斜线相交于 C 点。

④从 C 点做水平线，与 A 和 x 轴 50% 处连线相交于 D 点。则 D 点即为在梯尺网点 50% 处要得到期望值曲线上 A 点所需要的校正参数。同理，可得一系列校正点，将所有校正点全部连起来，构成的曲线叫线性化补偿曲线（如图 8－2 虚线所示）。

在输出 CTP 版时，选择线性化补偿曲线，就可使输出最终印品和 ISO 标准达到一致。

在建立和使用线性化时需要注意以下事项：

①建立线性化时，四套色版的线性化数据可能存在差异，这种差异随着加网线数的提高而逐渐变大。在输出高线数印版时，就需要单独为每一个色版分色做线性化。

②加网线数在 175lpi 与 200lpi 时，可以使用单色印版的线性化文件替代分别制作四色印版的线性化，此时要选择"所有色版使用相同数据"，使其生成曲线来代表所有的色版。

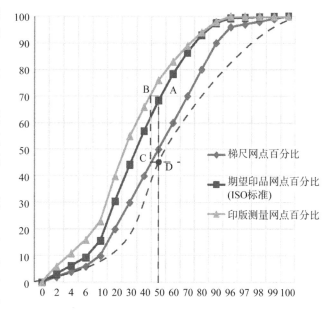

图 8－2　线性补偿曲线

③印刷机补偿曲线目的主要是找到印刷机的网点增大特性，应根据目标网点增大数据

生成补偿曲线。如175lpi 方圆网点在50%网点处的增大率一般控制在15%左右。

任务二　CTP 线性化校准

教学目标

掌握使用方正畅流完成 CTP 系统线性校准，X－rite iCPlater 印版测量仪器的使用。

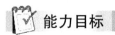

能力目标

（1）掌握使用方正畅流完成 CTP 系统线性校准。

（2）X－rite ICPlater 印版测量仪器的使用。

知识目标

理解 CTP 制版线性化的原理。

实验目的

掌握使用方正畅流完成 CTP 系统线性校准，X－rite iCPlate 印版测量仪器的使用。

实验器材

- 方正畅流软件；
- Kodak 热敏 CTP 制版机；
- CTP 热敏版材；
- X－rite iCPlate 印版测量仪器；
- Microsoft Office Excel 软件。

实验步骤

（1）线性印版的输出与测量

①用 Illustrator 图形处理软件制作 5×6 包含 30 块 0～100%的色块图，在流程软件中选用圆型网点（即方圆型）以 2540dpi、175lpi 不加任何线性曲线。

②在流程中设定相应的参数：线性化曲线－NONE，微调曲线－NONE，印刷补偿曲线－NONE，印刷反补偿曲线－NONE。

③加网解释，在 CTP 版材上输出单色版。

④测量 0～100%各色块，得到第一次印版的网点面积率，计算它们的平均值。

（2）制作线性化曲线

在流程中选取"输出设备→曲线管理→PDF 加网"（图 8－3），输入在印版上各色块所测得的网点面积平均值。

曲线名称：编辑框内可指定曲线的名称。

曲线设置：共有 24 组复选框和输值框。复选框的百分数表示网点的百分比值，输值框内为实际的网点百分比。实际网点值是在输出线性化测试条后使用密度计测量的数值。勾中复选框后，输值框内便可输入数值。

色版：可为各个色版设置不同的曲线。在 CMYK 模式下，初始色版有 Cyan、Magenta、Yellow、Black 和 Default Separation。前四者是基本色版，后者代表专色，为其设置的曲线是所有专色的缺省微调曲线。Gray 模式下，初始色版有 Gray 和 Default Separation，后者的含义与上同。

添加/删除：除上述色版外，还可添加专色版，为其单独设置曲线。专色版也可被删除。但基本色版和 Default Separation 不能被删除。

重置：可使当前色版的曲线恢复至初始状态。所有色版使用相同数据：若选中，可将当前曲线应用至其他所有色版。

直接输入曲线：若不选，该曲线为线性化曲线；若选中，该曲线的输值框中的数值即源文件经线性化处理后的网点值。

阴图：若测量实际网点值时的测试条是阴图，请选中此框。

分辨率：此处可标注曲线适用的加网分辨率。

网形：此处可标注曲线适用的加网网形。

网目：此处可标注曲线适用的加网网目。

说明：如果需要按照 ISO 标准印刷或需要制作标准的印刷控制曲线，则需要通过二次校准的方法制作二次线性曲线或补偿/反补偿曲线。"二次校准"时选择曲线，单击"二次校准"按钮，便进入二次校准窗口，它与新建、编辑曲线的窗口相同。首先，使用需要校准的曲线打印测试条，并对测试条进行测量。然后，将测量的数值输入到二次校准窗口中对应的网点百分比输值框内。使用校正后的曲线再次打印测试条，检查它的线性。重复操作直至得到满意的结果。

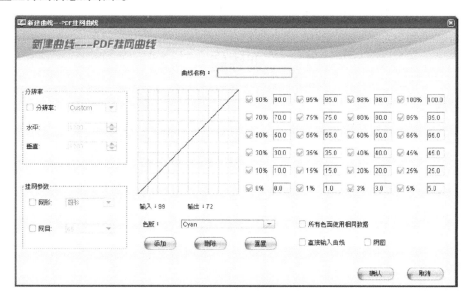

图 8-3 方正畅流曲线管理

（3）线性化的评估

①在流程中设定相应的参数：线性化曲线 – 使用前面制作的线性曲线。

②加网解释，在 CTP 版材上输出单色版。

③测量 0 ~ 100% 各色块，得到第一次印版的网点面积率，计算它们的平均值。

实验数据及分析

网点阶调值测量数据：

（1）校准前

单位（%）	3	5	7	10	15	20	25	30	35	40	45	50	55	60	65	70	75	80	85	90	95	97	100
C																							
M																							
Y																							

（2）校准后

单位（%）	3	5	7	10	15	20	25	30	35	40	45	50	55	60	65	70	75	80	85	90	95	97	100
C																							
M																							
Y																							

讨论：CTP 线性校准对印版输出的色彩控制有何意义？

训练题

问答题

CTP 线性校准对印刷输出的作用是什么？

项目九　数码打样技术

任务一　数码打样的工作过程

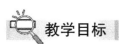

教学目标

数码打样是印刷数字化的新技术，理解数码打样的工作原理，掌握常用数码打样软件的使用与数码打样系统构成。

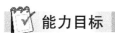

能力目标

掌握数码打样系统的使用。

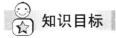

知识目标

掌握数码打样的工作原理。

一、工作原理

数码打样的工作原理（图9－1）与传统打样和印刷的工作原理不同。数码打样是以数字出版印刷系统为基础，利用同一页面图文信息（RIP 数据）由计算机及其相关设备与软件来再现彩色图文信息印刷后的效果。

数码打样既不同于传统打样机圆压平的印刷方式，又不同于印刷机圆压圆的印刷方式，而是以印刷品颜色的呈色范围和与印刷内容相同的 RIP 数据为基础，采用数字打样设备来再现印刷色彩，并能根据用户的实际印刷状况来制作样张。

二、系统构成

数码打样系统由数码打样输出设备和数码打样控制软件两个部分构成。

数码打样输出设备是指任何能以数字方式输出的彩色打印机，如彩色喷墨打印机、彩色激光打印机、彩色热升华打印机、彩色热蜡打印机等，但目前能满足打印速度、幅面、加网方式和产品质量的多为大幅面彩色喷墨打印机。

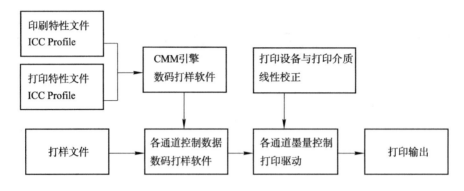

图 9 - 1   数码打样原理

数码打样软件则包括 RIP、色彩管理软件、拼大版、控制数据管理和输入、输出接口转换等几大部分，主要完成图文的数字加网、页面拼合与拆分、油墨色域与打印墨水色域的匹配、不同印刷方式与工艺的数据保存、各种设备间数据的交换等。

数码打样是以一种廉价的色彩表达模式，去仿真印刷设备的实际色彩表达，能够节约时间成本及物质成本。理论上这是在进行输出设备间的色彩空间转换，只要使用的数码打样设备，其色域大于印刷色域，就可以通过软件控制，模拟平印、凹印、凸印、丝印、柔印等多种印刷输出设备的色彩效果。

三、工作方法

色彩控制能力是衡量一个数码打样系统的关键。如何正确控制数码打样，使其输出印刷油墨能表现的色彩是十分重要的，以下将对数码打样的具体实施进行深入介绍，并通过介绍了解数码打样的工作方法。

1. 选择或制作参考特征文件

数码打样的关键之处就是输出能够模拟印刷输出效果的样张，为以后的印刷工作提供依据。因此进行数码打样的第一个步骤就是选择或制作一个与印刷机特性相对应的参考特征文件。一些数码打样软件为用户提供了一些常用的印刷标准特征文件，用户可以从中进行选择；如果用户所采用的印刷设备状态不是标准的，含有许多不稳定的因素，则用户也可通过色彩管理系统制作自己专用的参考特征文件。

制作参考特征文件时，需要一个含有标准色彩信息的电子色表文件，用传统打样或印刷的方法输出此色表，得到一个标准的色表印刷品；然后利用分光光度仪和专用软件测试与计算，最终获得一个反映印刷工艺颜色特征的特征文件，即参考特征文件（Reference Profile）。具体方法详见本书项目七。

数码打样技术的核心之一就是建立准确的参考特征文件，而准确的参考特征文件的获得是建立在对整个制版印刷工艺流程中的设备、材料、操作进行规范化管理基础上的，规范化管理是否真正有效，可以通过数字打样技术来检验。

2. 彩色打印机的线性化

普通彩色喷墨打印机的线性都有问题，其表现为大于90%的暗色无法区分阶调的变化而出现并级现象（如图9-2所示虚线部分显示），而且各打印原色的线性也不相同。如果用这样的打印机输出的标准色表制作样张输出设备的特征文件，则会使输出设备的特征文件反映的设备特性产生误差。

针对上述情况，数码打样系统提供了打印机线性化功能。在打样前打印机先输出一组色块，通过仪器测量的方式，确定样张输出设备输出的最大总墨量、各打印原色的最大墨量，以及各打印原色的线性校正曲线。

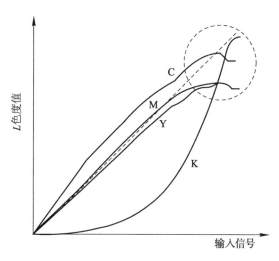

图9-2　打印输出阶调曲线

3. 制作纸张色彩特征文件

彩色喷墨设备所用的墨和纸品种繁多，其呈色特性各有不同，更换材料会导致色彩发生变化。纸张特征文件的制作与参考特征文件的制作相似。同样，使用标准色表文件，通过数码打样软件和彩色打印机，打印出一张IT8文件的数码打样样品。通过分光光度仪和专用软件进行测试和计算，最终获得一个反映彩色打印机和打印纸张特性的特征文件（Paper Profile）。

4. 打样输出

将这个印刷参考特征文件与打印纸张特征文件，置入数码打样软件相应的区域完成打样色彩管理设置后，就可打印出与胶印印刷品十分接近的样张。注意，数码打样软件进行打样输出时，对打样的作业处理方式类似RIP的处理方式，因此在打印前首先需要通过对作业的解释，其次再进行打印输出。

四、数码打样样张的输出

本部分以EFI Colorproof XF数码打样软件为例。

1. 设备校正——打印机线性化

普通彩色喷墨打印机的线性都有问题，其表现为大于90%的暗色无法区分阶调的变化而出现并级现象，而且各打印原色的线性也不相同。如果用这样的打印机输出的标准色表而制作样张输出设备的特征文件，则会使输出设备的特征文件反映的设备特性产生误差。因此，打印机线性化是实施数码打样色彩管理的第一步。

在EFI Colorproof XF中，打印机线性化过程如下：

①保证Linearization工作流程畅通，即箭头显示为绿色且用户Linearization工作流程、打印机用黑线连接起来（图9-3）。

图9-3 EFI Colorproof XF 工作流程设置

②Linearization 流程、Linearizationdevice 的参数设置。线性化过程的参数设置主要是打印机的设置，如打印机的设备型号、设备名称、连接端口、打印介质质量等。点击过程控制面板中"Linearizationdevice"，界面右边的属性栏变为输出设备的属性栏，在对应标签下完成属性设置。完成打印机等的设置后，Color Manager 功能按钮会激活。点击 Color Manager 功能按钮，跳出 Color Manager 界面窗口（图9-4），点击"基础线性化"按钮，进入打印机线性化工作窗口。

图9-4 EFI Colorproof XF 色彩管理

③参数设置（图9-5）。选择测量设备，设置分辨率、打印模式、墨水类型、颜色模式、纸张名称（可以自己定义纸张名称，以后便于查找）、抖动模式等，完成后点下一个，进入下一步。注意，此处的参数设置可以覆盖②步骤中的设置。

图 9 - 5　基本参数设置

④最大墨量打印（图 9 - 6）。此步骤帮助计算最大墨量值。理论值是 400，经验值是 300 左右。按理论值 400 的最大墨量打印图表，如果发现打在纸张上的墨水堆积，观察黑色最饱和且无墨水堆积情况的色块，将色块下的数值如 314 作为预定的总墨水限量，再打印色表，循环至无墨水堆积情况。等纸张上的墨水干后点击测量，至测量完毕。注意，此处软件会自动生成总墨水限量，也可以手动更改。

图 9 - 6　最大墨量

⑤每个通道的墨量。打印并测量色表，软件自动计算每个通道的墨量。用户可以点击"高级"按钮，在打开的面板中，手动调节每个通道的墨量。为了精确地和参考概览文件匹配，可点击"选择"按钮，选择参考概览文件。单通道墨水限量会根据印刷概览文件而改变，如有需要，可以通过拖动各色通道的拖尺手动调整，一般在蓝色标记范围内调整。

⑥完成基本线性表、质量控制色表的打印并测量。注意，质量控制色表打印出来有两部分。渐变色块部分用于目测观察颜色的连续性。如有跳级的现象出现，应该返回到每通道墨量这一项重新打印测量。打印测量完质量控制色表，可以创建一个报告，此报告记录线性校正的基本信息。

⑦打印机的基本线性完成。注意：更换纸张与墨水等耗材后或者人为对打印机做了调整，必须重新做线性化。

2. 特性文件的制作

打印机特征化是进行色彩管理的一个十分重要的环节。其基本过程是使用标准色表文件如 IT8.7/3 或 ECI2002 等，通过数码打样软件和彩色打印机，打印出一张标准色标文件的数码打样样品。通过分光光度计和专用软件进行测试和计算，最终获得一个反映彩色打印机和打印纸张特性的特征文件（EFI 软件中称纸张概览文件）。

①Color Manager 窗口中点击"创建打印介质概览文件（图 9 – 7）"按钮，进入"创建概览文件"窗口。在此窗口中进行相关的设置，主要是测量设备、基础线性化的选择及打印色标的选择。设置完成后，点击下一步。

图 9 – 7　创建打印介质概览文件

②测量概览文件图表。此过程分三步完成。第一步，打印标准色标文件样张。待样张彻底干燥后，完成第二步，联机测量。第三步，创建打印介质的概览文件（＊.icc）。注意，点击此对话框右下角的"编辑"按钮，可以对黑点生成进行编辑，一般情况不做变动。

③待面板显示概览文件创建完成后，点击面板中的"完成"按钮，打印介质的概览文

件创建完成。

3. 工作流程中色彩管理的设置

打印机线性化及打印机的特性文件创建完成后，为了实现数码样张与印刷样张的匹配，需在数码打样工作流程中进行设置，让数码打样效果模拟印刷输出设备的色彩效果。

①过程控制面板［图9-8（a）］中，点击需要设置的工作流程，右边的属性栏变为工作流程属性栏。

②选择"颜色"属性［图9-8（b）］。在颜色属性栏中，选择"颜色管理"标签，在此标签面板中，勾选"使用颜色管理"复选框。

"源"将选择印刷概览文件，即"源"处的 CMYK 调用印刷目标 ICC 曲线。"着色意向"则根据需要选择。

"着色意向"有五个选项，分别是绝对比色转换、相对比色转换、饱和度、直观和直观-绝对。当一种设备空间映射到另一种设备空间时，如果图像上的某些颜色超出了目标设备的色域范围，这五个选项分别代表了五种不同的颜色转换方案。

a. 绝对比色：通过绝对比色转换意图得到的图像与目标稿的色差值最小。因此，在转换时，要考虑到目标稿的白点。例如，为新闻纸印刷的一张图片打样，打样纸与新闻纸有明显差异，为了得到色差值最小的效果，必须考虑到纸张白点。这个选项在数码打样中是经常用到的。

b. 相对比色：相对比色转换的本质与绝对比色转换极为相似，除了目标色样与源色样的白点需要匹配之外，如果按上述为新闻纸印刷的一张图片打样，采用的是相对比色转换，转换的结果与绝对比色转换是极其近似的，但是没有模拟新闻纸的白点而直接是打样纸的白点。

c. 饱和度：当用打印机输出一幅画或艺术品，需要尽可能地保留最大饱和度，是不是与原稿一致相对来说没那么重要。这种转换意图在日常使用得最少。

d. 直观：直观转换意图是综合考虑纸张、层次、颜色特征等，而得到从感知上与原稿最接近的图像。该着色意向最适合打印照片图像，因为这时获得尽可能大的颜色空间比颜色精确的打印结果更为重要。因此，建议不要用于输出颜色精确的校样。

e. 直观-绝对：此着色意向由 EFI 开发。它在阴影区域中的图像定义方面将着色意向"直观"的优点与着色意向"绝对比色"的颜色精确度和纸张白色度模拟结合在一起。此着色意向特别适合需要将大的源颜色空间（RGB）转换为较小目标颜色空间（CMYK）的摄影师。

"使用内置的源概览文件"选项。选中此复选框可以启用面向对象的颜色管理，即在由不同图像组成的打印作业中，每个图像都将使用内置的概览文件进行自动处理。没有内置概览文件的任何图像都将使用 EFIXF 中所选的概览文件进行处理。

"模拟概览文件"栏。模拟概览文件可以模拟特定印刷机上的输出。一般情况下，此列表文件的选择与"源"中的选择一致，或者选择"无"。

注意：如果参考概览文件为企业自己制作的概览文件，应将概览文件放入固定的文件夹"EFI-EFIColorproofXF-Server-Profiles-Reference"，如此自己制作的概览文件才会显示在描述文件列表中。

（a）

（b）

图 9-8 EFI Colorproof XF 过程控制与颜色面板

③参数设置完成后，点击主面板工具栏中的"保存"工具。

任务二 EFI 数码打样实验

教学目标

掌握 EFI 数码打样软件的使用，掌握使用软件完成打印机线性校准，制作打印介质概览文件，以及数码样张输出，数码样张循环校色等功能。

能力目标

（1）掌握打印机线性校准。
（2）制作打印介质概览文件。
（3）数码样张输出。
（4）数码样张循环校色功能。

知识目标

理解数码打样的工作原理。

实验目的

利用数码打样系统完成印刷样张的输出，为印刷生产提供打样服务是数码打样技术的主要任务。本实验利用喷墨打印设备，结合专业数码打样软件与色彩管理技术，完成印刷打样的功能。

掌握数码打样的方法与过程，并理解数码打样原理。重点掌握数码打样中循环校正与调试技术，使打样样张最终与测试样一致。（由于实验器材的限定，本实验的重点与难点为利用现有打样系统完成对激光打印设备输出样张的模拟。）

实验器材

- 打印设备；
- iSis 分光光度仪；
- 专用数码打样纸张（Easycolor515）；
- 标准图样张与电子图；
- 专业数码打样软件（EFI Colorproof XF）。

实验步骤

（1）设备开机预热，并安装打样纸张 Easycolor515。

（2）利用激光打印机（Konica）打印标准图与 IT8 标准色表。

（3）使用分光光度仪（iSis）以 UV – cut 的模式测量打印的色表，并使用专业特征化软件制作 Konica_ 399 特征文件。

（4）运行 EFI 打样软件，使用"色彩管理"功能，创建打印机基础线性。

（5）EFI 数码打样软件中完成参数设定，使用"色彩管理"功能，创建打印介质概览文件。

（6）在数码打样软件中正确创建名为"打样测试"的工作流程，完成流程的设置。

（7）在打样软件中设定"颜色管理"功能为工作状态，并选择给定的印刷特征文件（Konica_ 399），使用"打样测试"流程完成标准图打样输出。

（8）对输出样张进行色彩评定，通过"优化概览文件（图 9 – 9）"的方式进行样张优化。

（9）循环操作，至输出样张色差小于 2。

（10）输出优化后样张与报告。

实验结果

（1）记录色表②上的色块的密度值与色度值，并绘制曲线图。

（2）绘制色表③与⑤上的色度图（L – a，a – b 图）。

（3）记录打印机线性结果（将线性结果附于此处，如最大墨量，单通道墨量，单通道线性等）。使用仪器测量并记录各样张上的色度值，计算色差，绘制色差分布图。

（4）分析样张输出效果与标准样张产生差异的原因（从实验过程、设备、环境、器材等方面分析）。

图 9-9 优化概览文件

训练题

一、判断题

1. 数码打样系统由数码打样输出设备和数码打样控制软件两个部分构成。（   ）
2. 数码打样软件则包括 RIP、拼大版、控制数据管理和输入输出接口转换。（   ）
3. 数码打样可以实现图文加网。（   ）
4. 数码打样与传统打样基本原理一致。（   ）
5. 数码打样是以色彩管理技术为基础的色彩复制技术。（   ）

二、问答题

1. 说明数码打样的工作原理。
2. 叙述 EFI 打样软件线性校正的基本过程。

项目十　数字工作流程中的色彩转换

教学目标

理解数字工作流程的原理与构成，掌握方正畅流工作流程的基本模块。

能力目标

掌握方正畅流工作流程的基本模块。

知识目标

理解数字工作流程的原理。

实现数字化工作流程标志着印刷业走向信息化时代，它不仅仅是一次技术的革新，同时也是管理模式及经营结构的转变，而在此过程中需要企业根据自身情况有计划、有步骤地进行。

一、数字化工作流程结构

在数字化工作流程（图10-1）中，只有快速、准确地获取图文信息、生产控制信息及管理信息才能发挥流程的作用，提高印刷生产效率。

图文信息主要是由客户提供的图文单页面拼合的拼大版信息，由自动拼大版系统完成；管理信息是由 MIS 或 ERP 系统根据客户及印刷产品需求信息产生；控制信息是完成正确印刷生产的信息，主要有色彩控制信息、印刷与印后加工的定位控制信息等。其中色彩控制信息是保证印刷复制各种终端颜色再现一致准确的信息，是最为重要的印刷生产流程信息。其主要有设备色彩特性信息、印刷机油墨预置信息、质量控制信息等。

125

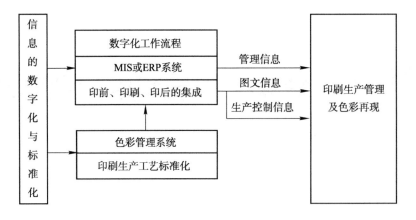

图 10 - 1　数字化工作流程构成

二、数字化工作流程软件在实际应用中的主要功能

1. 数字拼版

在商业印刷中根据拼版对象不同，分为拼折手和拼散版两类，其中拼散版又分为分色拼版和复合色拼版。

2. 数码打样

数码打样是数字化工作流程中对质量检测和控制的重要环节，也是同用户进行信息交流的重要依据。

3. 陷印

陷印通常可以在制作软件中完成，但单纯依靠制作软件并不能满足所有工艺的需要，因此在数字工作流程中可以选配陷印功能插件。

4. RIP

RIP 是数字化工作流程不可缺少的部分，通过 RIP 可以实现不同方式的数字加网，决定了制版和印刷质量。

5. 作业管理

作业管理不仅涉及印刷工艺本身，而且涉及管理等其他方面，在 CIP4 标准中 JDF 工作传票是作业管理的主要手段。

6. 远程校样

远程校样及远程作业管理是实现网络化生产的基础，用户可以通过网络提交生产作业要求，提出评价和认可。

7. 远程制版

数字化工作流程可以提供远程制版及印刷功能，降低制版费，提高生产效率，为企业的集团化发展创造条件。

8. CIP3/4 等其他功能

数字化工作流程还可以提供油墨墨量控制信息、折页控制信息等基于 CIP3 或 CIP4 的数据信息。

三、数字化工作流程在应用中需要注意的问题

1. 数据接口的可扩展性和标准性

流程内部的数据接口包括拼版、打样和 RIP 等，流程外部的数据接口前端是排版软件，后端是输出设备。考察流程的前端接口需确认流程是否能接受标准的 PS 或 PDF 文件；考察流程后端的数据接口包括以下几方面：数据是否可以正常输出到设备，流程里的特殊加网方式是否适合输出设备，是否能够输出标准的 1 字节 TIFF、PDF、PJTF、JDF 等标准格式。

2. 功能与生产需求的匹配性

企业在不同的生产条件和不同的生产发展阶段，需要选择适合自身特点的不同工作流程。

3. 系统运行的稳定性和可靠性

流程的可靠性是企业实现自动化和高效率生产的必要条件。文件预检、流程格式、打样方案等是决定流程可靠性的重要因素，如在流程中采用 RIP 后打样方案比采用 RIP 前打样方案可以提高 80% 以上的可靠性。

四、常见数字化工作流程类型

1. 拼版流程

根据拼版能够接受的数据类型，拼版流程分为 RIP 前拼版和 RIP 后拼版。常见的 RIP 前拼版软件有 Preps、Ultimate 等；常见的 RIP 后拼版软件有 Pixdreame、Plate Controller、Pri Station 等。

2. PDF 工作流程

PDF 工作流程是以 PDF 数据规范为标准的工作流程，它包括以下几方面内容：首先是 PDF 文件的创建，将排版文件以及其他文件格式生成符合印刷标准的 PDF 文件，这是决定 PDF 工作流程能否用于实际生产的首要条件；其次是完成制版前的准备工作，包含拼版、陷印、色彩管理等功能；最后是 PDF 文件的输出，PDF 文件可以方便地输出到各种设备以及实现远程传输。

PDF 工作流程不仅是印刷业的规范文件，也是其他行业的规范文件，随着印刷业同信息产业的紧密结合，PDF 工作流程将会发挥更大的优势。

3. JDF 工作流程

JDF 工作流程是以 CIP4 为标准的工作流程，该流程实现了印前、印刷、印后以及物流、财政等方面信息的计算机集成化管理。用户可以通过网络或其他途径将作业信息提交到生产企业，该数据信息包含作业原始对象以及印刷加工要求。作业信息将以标准的 JDF 格式传递到流程的下一道工序，管理者和用户可以检测作业工作进度及其他信息，实现全信息化的生产结构。

五、方正畅流

方正畅流工作流程管理系统是北大方正电子有限公司自主研发的数字化工作流程的实

例产品，主要应用于各类大中型印刷企业、制版输出中心、出版社、杂志社等实际生产环境，它集成了方正在出版印刷业多年积累的优势技术，完全采用业界标准的开放格式，运用了最先进的数据库和互联网技术，全面满足网络时代用户的新需求，是一套完善、高效、稳定、可靠、可灵活扩展的数字化工作流程管理系统。

应用领域：大中型书刊、商业、包装等印刷企业；大中型设计制版输出中心；出版社、杂志社；政府文印机构；商业快印机构；广告传媒机构。

主要功能模块有：JDF 工作传票解释调度器；规范化器（PDF 转换和检查功能模块）（图 10－2）；屏幕预览；拼版和折手功能模块；文件/作业/帐号管理模块；作业查询/追踪/审核模块；激光校样；数码打样和版式打样；数码印刷模块；CTF/CTP 输出模块；陷印处理模块；远程校样和传输模块；作业统计和存储模块；印刷油墨控制模块。

图 10－2　方正畅流规范化模块

1. 畅流客户端

畅流客户端是完成所有生产任务的用户界面。畅流客户端主要有 4 个主界面。

（1）作业导航器。作业是整个系统的操作对象，由一个或多个文件以及相关处理信息组成。作业的新建、打开、删除、授权等操作均在作业导航窗口中执行，此外作业相关的各类信息如作业标识、作业名称、创建者、创建时间、工作单号、描述等也在此显示。单击主界面的"作业导航器"按钮，在右侧将出现作业导航器的主界面，用户登录客户端以后，默认也是进入作业导航器的主界面。

（2）操作监控。为了便于全局的监控与管理，方正畅流提供了对作业的监控功能。通过此功能用户可以查看各个作业中任意一个处理的工作进度，掌握各作业传票处理器的使用状态，甚至可以随时取消已经开始的操作。

（3）管理工具。管理工具是畅流管理员对系统进行管理的一些实用工具。管理工具中包括了权限管理、处理器管理、专色管理、曲线管理。权限管理可对用户、角色和权限策略进行设置；处理器列表中列出了畅流系统中的所有处理器，在处理器列表中选择一个处理器，点击"打开"按钮或双击可打开处理器参数窗口，在此可以对处理器设置全局参数、也可对处理器进行授权。

专色管理中对系统的全局专色进行集中管理。可以进行新建专色、编辑专色、删除专色操作。曲线管理中可以对线性化、微调、印刷三种曲线进行增加、另存、编辑、删除、刷新。在设备类型中可以选择曲线对应的设备，在色彩模式中选择曲线对应的色彩模式。

（4）状态栏。状态栏位于主界面的底部。用于显示作业传票处理器列表和已打开作业列表。缺省情况下显示系统所有作业传票处理器的列表。通过状态栏左边的"JTP"和

"作业"两按钮可以方便地在作业传票处理器列表和已打开作业列表之间切换。

作业传票处理器 JTP 列表显示系统所有作业传票处理器的状态，分别用不同颜色的图标予以区分。该列表可以定期更新跟踪处理器的列表和状态。已打开作业列表显示当前用户已打开的作业。当前作业的按钮以深色显示。

2. 传票处理器

（1）规范化器。规范化是方正畅流必不可少的一个处理环节。其主要功能是接收 PS、S2、PS2、S72、EPS、TIFF、PDF、DCS 等页面描述文件，将上述文件进行分页，转换成单页面、自包容的 PDF 文件。此外，规范化器在转换的过程中还可以指定字体替换，图片变倍和压缩等设定，并根据用户的选择执行预显、页边距调整等处理。

方正畅流工作流程管理系统采用 PDF 作为流程的内部标准文件，PDF 具有内嵌图文、可靠、开放、适合网络传输等优越的，适合高端印刷的特性，方正畅流的其他作业传票处理器只接收经过规范化处理的文件。

（2）折手。在传统的书刊印刷流程中，制版印刷之前，均需要进行折手这一工序把单页的胶片拼成大版，然后再进行制版印刷。目前折手工作大多是由人工操作完成的，它存在着对位不准，生产效率低，工人劳动强度大等弊病。此外由于 CTP 技术的成熟和普及，以及对印刷质量要求的不断提高，迫切需要实现自动折手工艺。与此同时，桌面电子出版技术的大面积使用，以及 PostScript、PDF 页面描述语言在桌面电子出版系统中的广泛应用使自动折手控制成为了可能。

（3）打印。畅流打印处理器控制参数主要有：彩色、分色、介质、输出参数、旋转设置、覆盖作业中的叠印参数、图形镂空参数、拷贝、密度。

（4）打样。"打样"作业传票处理器负责把规范化器处理后生成的单页 PDF 文件，或者含折手拼版信息的大版文件，通过多种打样设备输出到打样介质上，用户可通过设置不同的参数获得所需的打样效果。

（5）输出。输出系统负责作业的最终输出工作。在整个处理器系统中，它位于打印和打样之后，输出的设备是照排机和 CTP。

（6）PDF 合并。为了方便用户远程发送和校样，畅流增加了 PDF 合并的功能。即通过 PDF 合并处理器，将多个 PDF 文件合并成一个 PDF 文件。其操作过程十分简单，只要将页面窗口的多个 PDF 文件提交给 PDF 合并这个 JT，即可完成操作。

3. 作业传票（Job Ticket）

（1）作业传票及其管理。为了方便用户进行参数设定，避免在处理每个作业中的文件时都重新设置作业传票处理器的操作参数，并实现全自动与半自动的操作方式，方正畅流数字化工作流程管理系统引入了作业传票的概念，使得输出参数的重复使用成为可能。

作业传票是一个或多个作业传票处理器及相应的一组或多组参数组成的集合体，包含了作业处理时各个被处理文件要经过的处理工序（流程树）及其参数设置，可以使用户方便地处理某类作业。作业传票作为记录流程信息以及作业传票处理器参数的方式，在处理每一个作业时都是必不可少的。

作业传票的管理涉及以下内容：新建、保存、删除以及另存等。操作员将在此看到自己创建的作业传票列表，新建作业传票，新建或修改作业传票后进行保存；删除作业传票；点击某个作业传票查看已有的模板，并根据需要修改已有作业传票的部分参数后保存或另存为一个新的模板。

（2）操作步骤。

①新建作业：在作业导航中新建作业。

②创建工作传票：使用处理器来创建作业传票并保存传票（作业传票是与用户绑定的，用户可以使用所有用户创建的传票，但只能修改自己建的传票）。

③选择文件：点击"浏览"按钮，将显示控制台中设定的源文件路径，选择需处理的源文件。

④提交文件到传票：两种方式提交传票，分别为直接拖曳和执行队列。

 任务二　数字工作流程的色彩控制

 教学目标

理解数字工作流程的色彩管理原理，掌握工作流程软件中色彩控制的参数设置方法。

 能力目标

掌握流程软件中色彩控制的参数设置方法。

 知识目标

理解数字工作流程的色彩管理原理。

一、工作流程中的色彩控制信息

色彩控制信息产生的环境贯穿于整个印刷生产过程的色彩管理系统，包括印刷生产工艺条件标准化设定技术、设备特性文件建立技术、色彩转换及质量控制技术。色彩管理目前在印刷中主要有数字打样、屏幕软打样、CIP3 油墨预置及印刷质量控制等几种应用。色彩管理系统是数字化工作流程运行的基础。对发挥流程的高效率起着至关重要的作用。

建立色彩管理环境主要包括两方面的工作：一是印刷生产工艺的规范化与标准化；二是选用色彩管理工具产生色彩控制信息。

1. 印刷生产的规范化与标准化

要获得准确的色彩控制信息，必须建立印刷生产工艺的规范化与标准化体系，达到工艺、设备、材料及环境的稳定。印刷过程要经过多个工序，使用各种设备，只要有一个环节出现不稳定的问题，就会影响色彩控制信息的有效性。工艺条件的稳定性不仅是设备要稳定，环境温湿度、操作工艺、使用的材料等都会对最终结果造成很大影响。建立印刷生产工艺的标准化体系，保证工艺条件的稳定性是在实施色彩管理过程中最重要的一个环节，因为它不仅仅涉及某台设备和某一个工序，而是涉及数字化工作流程效率的发挥及整个印刷工艺的控制。

2. 选用色彩管理工具产生色彩控制信息

在建立稳定、规范的印刷工艺条件的基础上，选用色彩管理软硬件工具生成色彩控制信息。色彩管理工具主要有：设备校准仪器、色彩特性生成软件、颜色标版、色彩测量工具、色彩管理模块等。产生的色彩控制信息包括设备色彩特性信息、油墨预置信息、质量控制信息等。其中设备色彩特性信息包括扫描仪色彩特性、显示器色彩特性、数字打样机色彩特性及印刷机特性等；质量控制信息包括印刷密度、网点增大、印刷反差、色差等信息。油墨预置信息记录是根据印刷图文信息页面计算的印刷机油墨分布信息。

3. 色彩控制信息在数字化工作流程中的应用

色彩控制信息主要应用于印刷生产流程的以下几个环节：数码打样、分色加网、屏幕软打样、油墨预置、印刷质量控制等，如图 10 - 3 所示。

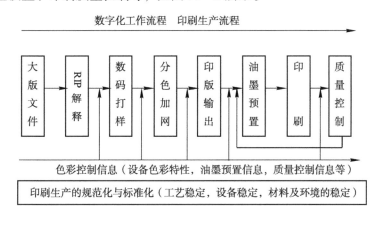

图 10 - 3　色彩控制信息及其在数字化工作流程的应用

色彩控制信息在数字化工作流程中得以整合与传递，然后通过 RIP 及色彩管理模块的计算后在数字打样、显示器及印刷机终端上产生作用，保证色彩复制的准确性与一致性。质量控制的反馈信息可以通过流程传回印刷控制中心，经对色彩控制信息修正后再次作用于印刷复制，最终达到质量控制的要求。

二、方正畅流工作流程的色彩控制

方正畅流工作流程中的色彩管理通过"PDF 色彩管理"功能模块实现，其中包含了常规参数设置、色彩匹配设置、高级设置几个方面。

1. 常规参数

（1）覆盖内嵌的源特性文件。文件中可能内嵌了色彩特性文件，若希望使用内嵌的特性文件来重现页面对象的色彩，请留空"覆盖内嵌 CMYK 源特性文件"和"覆盖内嵌非 CMYK 源特性文件"。若勾中这两个选框（可同时勾选，也可仅选其一），则使用下面"输入参数"处设定的特性文件。方正畅流 PDF 色彩管理常规参数设置见图 10 - 4。

图 10 - 4　方正畅流 PDF 色彩管理常规参数设置

（2）输入参数。

①特性文件。可设置 6 种页面对象的输入特性文件，包括 RGB 图形/图像、CMYK 图形/图像及 Gray 图形/图像。每种对象的特性文件又分 Input Profile 和 Device Link 两种类型。畅流自带了一些特性文件供用户选择，并支持用户通过"管理工具 > 输出管理 > 色彩管理"向畅流导入更多的特性文件以供选用。若选中"图形图像一致"，相同色彩模式的图形图像将使用一致的特性文件。若选中"Gray 视为 CMYK 处理"，Gray 图形图像的输入特性文件将与 CMYK 图形图像保持一致。

② 呈色意向。"主呈色意向"决定了所有模式（RGB、CMYK、Gray 和 LAB）的图形图像的呈色意向，但用户也可以对每种图形图像的呈色意向单独进行设置。选项包含 Perceptual、Saturation、Relative 和 Absolut 四种。

（3）输出参数。

①色彩模式。支持 4 种输出色彩模式，RGB、CMYK、Gray 和 HiFi。

②输出设备。请在此处选定输出设备的色彩特性文件。

③使用 PDF/X 内嵌的输出特性文件。此选框在 CMYK 模式下出现，若勾中，将优先使用 PDF/X 内嵌的输出特性文件。

④色面数选择。在 HiFi 模式下，可进一步选择输出的色面数，包括 5 色（CMYKO、CMYKG、CMYKB），6 色（CMYKOG、CMYKOB、CMYKGB）和 7 色（CMYKOGB）。

2. 色彩匹配参数

通过色彩匹配，可指定某个具体颜色的转换方法。未特别指定的颜色仍按前面的输入输出设置进行转换。方正畅流中的色彩匹配参数见图 10 -5。

①请在"转换前"区域录入要转换的颜色，信息包括这个颜色的色空间（RGB、

CMYK、Gray 或 LAB），以及在该色空间下各个色面的色值。然后在"转换后"区域指定该颜色在转换后的形态。"色空间"参数置灰，这是由"常规参数"选项卡下"输出参数>色彩模式"决定的。用户可指定各色面的色值。指定后，单击"添加"，便可添加至上方的匹配表中。勾中表示按此指定进行转换，不勾中则不按此指定转换。勾中"应用"，将启用所有的匹配设定。选中某个匹配关系，重新定义转换前后的颜色，然后单击"更新"，可更改匹配关系。单击"删除"可删掉选中的匹配关系。

②容忍度。根据此参数确立容忍范围（非零色面值±容忍度值），处于容忍范围内的所有颜色均按此处设定进行转换。例如，假设此处单独设定了颜色 CMYK（30、30、0、10）的转换方法，容忍度为 2，则表示 CMYK（28～32、28～32、0、8～12）的颜色都将按此处的设定进行转换。

③图形/图像。控制此处的颜色转换设定是否适用于图形或/和图像对象。

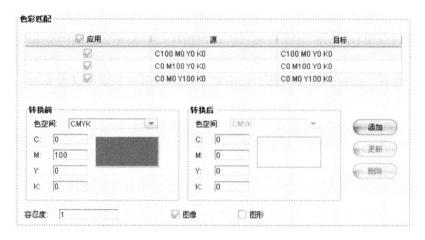

图 10 – 5　方正畅流中的色彩匹配参数

3. 高级参数设置

①黑色保留。此处设置仅在输出色彩模式为 CMYK 时有效。可保留两种黑色对象的颜色：一种是 C = M = Y = 0 K = 0 – 100 的图像或图形，不参与颜色转换；另一种是 R = G = B 的图像或图形，转换为 CMYK 后，C = M = Y = 0，K = 1 – r，其中 r 为 R（或 G 或 B）分色色值（百分比）。方正畅流 PDF 色彩管理高级参数设置见图 10 – 6。

图 10 – 6　方正畅流 PDF 色彩管理高级参数设置

②出错处理。若页面包含叠印/透明图元，经过色彩转换后，其透明效果或叠印关系

可能会发生偏离或改变，此时，通过此处的设置可建立一种警告机制。在处理时，报出相应的警告或错误信息提示。

4. 输出时的色彩管理设置

①覆盖 PDF 作业中的色彩管理。方正畅流的色彩管理设置见图 10 – 7。选中后将覆盖 PDF 文件中包含的色彩管理设置，转而使用窗口中定义的色彩管理参数。若不选，畅流则在 PDF 文件中查找并应用其中的色彩管理设置，主要是 ICC 文件。使用 ICC：默认状态下，此选框是置空的，"Profile" 和 "呈色意向" 区域中的参数因此将全部置灰。只有选中 "使用 ICC" 后才能激活这些参数。

②Profile。此处可定义 3 种色彩模式（CMYK、RGB 和 Gray）的源特性文件，以及加网的目标 ICC 文件。每种色彩模式的源特性文件又分 Input Profile 和 Device。

③Link 两种类型。畅流自带了一些特性文件供用户选择，并支持用户通过 "管理工具 > 输出管理 > 色彩管理" 向畅流导入更多的特性文件以供选用。定义 ICC 特性文件时，若选中 "Gray 作为 CMYK 处理"，Gray 模式时将使用与 CMYK 模式相同的源 ICC。

④呈色意向。主呈色意向适用于文件中的所有对象。可单独选中 "CMYK 图像" 和 "RGB 图像" 选框，另行设置这两种对象的呈色意向。呈色意向一共有 4 种：Perceptual、Saturation、Relative 和 Absolute。

⑤100% 黑色处理保留。若不想对文件中 100% 纯黑的部分进行色彩管理，请选中此选框。例如，对于黑色文字对象，若应用色彩管理，输出时便可能引入其他颜色的油墨，容易引起细微的色偏。

⑥使用缺省设备校色方法。若选中，对 RGB 对象应用缺省的设备校色方法。若不选，将激活下方的 "RGB 非 ICC 处理方法" 参数。注意，如果在 Profile 区域中的 RGB 处定义了一个源 ICC，所有 "RGB 非 ICC 处理方法" 设置都将会失效。

⑦黑色生成。控制 RGB 向 CMYK 转换时如何生成黑色。选项包括无、轻度、中度、重度、最大、UCR，表示生成的黑色由浅到深依次增加。其中的 UCR 又名底色去除，是英文 Under Color Removal 的缩写，可运用 K 代替大量的 CMY。

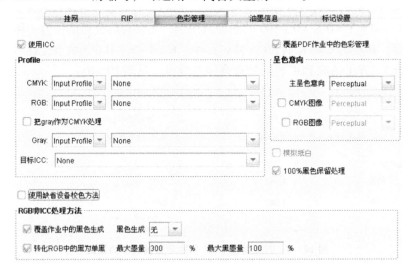

图 10 – 7　方正畅流的色彩管理设置

⑧覆盖作业中的黑色生成。文件中有可能预定义了黑色生成级别。若选中，将使用上面"黑色生成"参数定义的级别覆盖文件中的对应设置，若不选，出现这种情况时，将优先应用文件中的设置。

⑨转化 RGB 中的黑为单黑。在一些排版软件如 Microsoft Word 中，对象常用 RGB 颜色来定义，包括纯黑。若选中，畅流会查找文件中的这种黑色，将其转化为 CMYK 色彩空间的（0、0、0、1）。

⑩最大墨量。控制加网后 CMYK 的最大墨量。被明确指定为黑的颜色不受影响。

⑪ 最大黑墨量：控制加网后黑色的最大墨量。被明确指定为黑的颜色不受影响。

问答题

1. 什么是数字工作流程，其对印刷复制有何意义？

2. 叙述方正畅流如何进行色彩控制设置。

项目十一 预放墨控制

任务一　CIP3 与 CIP4 技术

教学目标

理解 CIP3 与 CIP4 国际组织，了解相应组织的相关标准，掌握 CIP3 与 CIP4 与印刷工作流程的关系，理解 CIP3 与 CIP4 对印刷预放墨控制的作用。

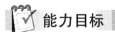
能力目标

理解 CIP3 与 CIP4 对印刷预放墨控制的方法。

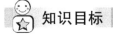
知识目标

理解 CIP3/CIP4。

一、CIP3 技术

CIP3 技术是为联结印刷工作的每个环节——即从客户服务到发货而设计的。CIP3 PPF 档案产生于印前，它能传送工作和生产信息到各阶段的印刷工序，包括印刷、印后切纸、折页、配页、装订等。采用 CPL（CIP3 Parser Library）可以从 PPF 档案中选取数据。

1. CIP3 组织

CIP3 代表印前、印刷和印后的一个国际性合作。它是一个联合组织，成员来自代表着不同印刷工序的公司，从印前到装订都包括在内。自 1995 年创建以来，这个有 33 个成员的组织，其基本的概念是制造一个包含有每个生产阶段资料的数码档案，从叠印、拼大版到上胶和切齐。就像一张工作传票，这些数码资料会跟随印刷工作贯穿整个工作流程。这是真正数码自动化的承诺。用一个标准方式来描述几个工序，以便于生产过程中，相同的信息可以在不同的阶段互换。

2. CIP3 集成印刷的优势

①缩短开机准备时间，提高印刷机的效率。一台进口四色印刷机能在 10 分钟内完成印版的单面四色套准及校色，缩短了传统的上版及校色时间，适应于短版活的时间要求。

②具备墨量数据优化功能，提高墨量预置的准确度和墨量控制的精度。由于引入数据工艺流程取代了人工校色环节，能保证印样与印品的一致，且能多次重复一致，可适应当前客户对颜色的高品质要求。

③降低生产成本。由于减少了试印刷次数，缩短了印刷机的开机准备时间，也就意味着有更多的时间用于正常的生产工作。从而减少了企业本应支付的某些固定支出，大大降低了生产成本。

3. 第三方 CIP3 配件

CIP3 InkBox 是全新开发的低成本、高效率的第三方 CIP3 支持方案，主要供给海德堡 CP2000 或者其他品牌没有开通 CIP3 自动放墨功能印刷机，能直接使用原装的 CIP3 功能，使得印刷机可以不用通过海德堡授权即可以使用网络传输 CIP3 数据，提高印刷机的效率。

它的工作原理是，使用一个 CIP3 网络转换的解码的小盒子 CIP3 InkBox，通过它来中转 PPF 数据，一台电脑主机，一个控制程序再加一套 CIP3 墨控转换软件即可以实现海德堡原装的 CIP3 连接。它的硬件部分只需要在海德堡主机后边的 USB 接口直接插上，就可以即插即用。

CIP3 InkBox 可以支持的机型有：

①印刷机控制台是 PressCenter，有 USB 接口或者 PCMCIA 读卡器可以读 U 盘中的放墨数据就可以改装成直连。

②印刷机是海德堡 CP2000 系统，并且带有 PCMCIA 读卡器的机型。

③其他品牌的印刷机，如小森、曼罗兰等，有 USB 接口就可以改装成直连。

④如果印刷机控制台是老机型，那就不可以改装直连，但是可以通过另外购买一个读卡器和 CIP3 卡来支持 CIP3 文件的传送。

二、CIP4

CIP4 联盟的前身为 CIP3 联盟与 JDF 联盟，两联盟于 2000 年 7 月 14 日正式合并为 CIP4 联盟，原则上 CIP3 联盟所发展的内容及架构不变，但再加入 JDF 联盟所发展的内容成为 CIP4。

CIP3 联盟原始构想发展于 1993 年 12 月，1994 年 9 月档案格式初稿完成、12 月供做测试的原型定案使得计划实现的可能性增大，于是由 15 家包括 Adobe、Agfa、Fuji、Kodak、Manroland、Heidelberg、Polar 等印前、印刷、印后加工的供货商于 1995 年 2 月正式组成联盟，联盟的全名为 "International Cooperation for Integration of Prepress, Press and Postpress" 简称 CIP3，致力于发展与促进印前、印刷、印后加工的垂直整合。至 1999 年 10 月已经有涵盖包括计算机、操作系统、软件、印前、印刷、印后加工设备制造商共 39 家供货商参与，为继 ICC 国际色彩联盟后另一大规模的国际性印刷研究与发展组织。联盟所制定的格式自 1997 年 6 月起陆续由联盟相关厂商研发产品上市，而于 Drupa 2000 印刷大展中可以看出几乎所有的印刷相关软硬件供货商都已经支持 CIP3 规格。

JDF 联盟由原 CIP3 联盟成员的四家公司所另行组成，这四家公司为 Adobe、Agfa、

Heidelberg、Manroland，联盟成立于 1999 年初，JDF 为 Job Definition Format 的缩写。联盟成员试图把管理信息及制程信息的内容与软硬件设备结合在一起，并考虑除了 CIP3 所寻求的垂直整合外，另外达到水平整合，并尝试与互联网相结合。

CIP4 联盟由于 CIP3 联盟于 Drupa 2000 时，已达成当初所设定的阶段性目标，剩下来的工作多半为格式定义的定期更新，与加速印后加工部分的商品化及推广的工作，而联盟成员在探讨下一代格式与发展方向时却发现与 JDF 联盟所希望推广的一致，而 JDF 联盟也同意让更多的厂商参与，以成为未来的共通格式而不会受限为封闭系统，故两联盟于 Drupa 2000 印刷大展后的 2000 年 7 月 14 日达成协议合并成为 CIP4 联盟，联盟的全名在原来的 3 个 P 之外再加了 P-"Process 制程"而成为"International Cooperation for Integration of Processes in Prepress，Press and Postpress"。

任务二　基于 CIP3／CIP4 预放墨技术

教学目标

理解数字工作流程的原理与构成，了解常用印刷数字工作流程。

能力目标

掌握方正畅流工作流程的基本使用。

知识目标

理解数字工作流程的原理。

传统印刷业正在面临着市场竞争和技术发展的挑战。油墨预置作为印刷行业实现数据化、规范化的新数字化工艺技术，正引起人们的日益关注。纵观油墨预置技术的发展过程，可以看到，它仍然是一个不断发展进步的技术，业界对其认识也在不断深入。

一、预放墨系统

在 20 世纪 80 年代末，一些主要的印刷机制造商开始采用一种被称为分区遥控墨键的技术。该项技术把整张的墨斗刀片分割成若干个单独可调墨键，并分别由微电机驱动（图 11 - 1）。这种方法的优点是可以根据同一版面不同区域对墨量的需求，分别进行遥控调节。对多色机而言，操作者不再需要为了调整墨色而在各个色组之间来回走动。同时，操作者可以采用人机对话的方式，对每个墨键的出墨进行量化设置，调节的数值可以保存重复使用，从而极大地缩短了印刷作业的准备时间。

油墨预置技术是要在印刷机开机之前，在印前制版过程中预先生成油墨控制数据，此数据用来控制调节印刷机各个墨键的开度，进而控制各个墨区的油墨量，使第一张印张的着墨情况尽可能与印刷成品接近，从而达到缩短印刷准备时间、提高印刷生产效率、降低物料消耗的目的。

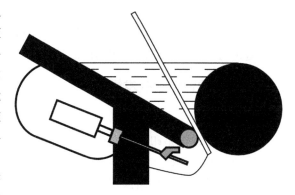

图 11-1　胶印机墨键控制系统

油墨预置（图 11-2）包括油墨需要量的预先运算和修正、数据置入印刷机两个过程，也就是"预"和"置"两个部分，最重要的是"预"的过程。油墨预置作用的发挥，主要是因为开机之前已经预先对墨量进行了准确设置。通过油墨预置技术实现的预先调整具有两个特点：一是准确，二是提前，这是油墨预置理念的核心。提前是指各墨键的墨量在开印之前就进行了预先的设置，而不是开机后的调整，使墨量调整具有提前性。传统的油墨设定方式，通常是由印刷工人在开机前根据印版图文分布状况，对墨键做预先设定，开机后再根据情况做进一步调整。

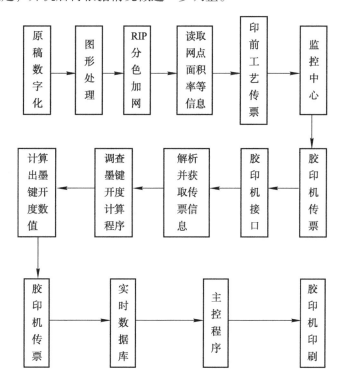

图 11-2　油墨预置流程

油墨预置技术是指控制印刷墨量的一种流程，即电脑拼版形成大样版面后生成 PS 文件，得到各个版面的 TIFF 图像信息，存放在指定的电脑中，并将这些信息通过网络传送

139

到印刷机油墨控制系统，经过相关软件的计算分析，得出输出图文覆盖率的数据参数，再把这些参数对应到印刷机的墨区上，转换成可以控制各个墨键的墨量值分布信息，直接对相应墨键进行控制。从而达到印刷前的油墨预置。

二、油墨预置技术的发展

1. 人工调节

早期的油墨设定是印刷机操作人员依据个人经验手动调整墨区螺钉，一个机组、一个机组地完成。开机前操作人员根据印版上图文分布的情况预估计各个墨区的墨量，然后进行墨量设定。开机后，根据预印的情况通过调节墨键开度对墨量进行下一步调整。这种方式受操作人员经验等主观因素的影响很大，设定值欠准确。开机后下墨量需反复调节，周期长，造成印刷时间、印刷纸张和油墨的浪费，影响生产效率。

2. 由印刷机控制台遥控墨区的预置调节

这种方法实际上是通过印刷机控制台间接控制一个个印刷单元，所依赖的仍然是操作人员的操作经验，虽然在一定程度上确实提高了工作效率，但受印刷操作人员等主观因素影响的事实并没有得到根本改变，所以仍无法精确地预置墨量。

3. 采用印版图文阅读机

印版是将原版胶片上的网点传递到承印物的桥梁，由于受到原版胶片及版材性能、曝光、显影等因素的影响，胶片上的网点数据与印版上的网点数据并不相同，而且不同阶调处网点变化情况也不同。印刷时会产生网点增大，印刷压力等工艺参数不同，纸张、油墨等材料不同，网点增大值也不相同。为了保证印刷质量，必须对各工序实行规范化、数据化管理。20 世纪 80 年代初期出现了电子印版扫描仪，将印版的图文部分扫描出来进行网点面积率数值计算，以提供给印刷机的 CIP3 接口进行油墨供墨的预置。印版扫描工作对那些有打样的短版印刷的功效就更加明显，它可以大大缩短商业轮转机开出正常墨色的时间，节省下来很多的纸张、油墨等原辅材料，为企业降低成本、增加效益。

4. CIP4 标准油墨预置技术

基于 CIP3/CIP4 标准的油墨预置技术通过分析印前输出中经过 RIP 分色加网的 1 – bit TIFF 文件，依据印刷机的结构、墨键数量、色版顺序对该版面信息进行分区，计算出各个区域对应的单色的网点面积率。再根据网点面积率和墨键开度之间的关系得出油墨预置量，由 CIP4 解释器解释生成油墨预置数据，经过油墨预置软件修正后，生成油墨预置文件，并通过数据交换机传输到印刷机控制台进行墨量预置。

三、方正畅流预放墨控制

1. CIP 油墨预置

此处理器可基于加网生成的油墨预置缩略图，生成行业标准的 CIP3、CIP4 油墨文件。CIP 油墨文件可帮助印刷人员明显缩短印刷周期，减少生产浪费。在流程中，它仅接受加网后的点阵文件，通常为经折手或拼版再加网的大版文件，且加网时必须启用"油墨信息 > 油墨预置缩略图"参数。处理后生成的油墨文件位于指定的输出路径下，不在作业窗口中显示。方正畅流 CIP 油墨预置见图 11 – 3。

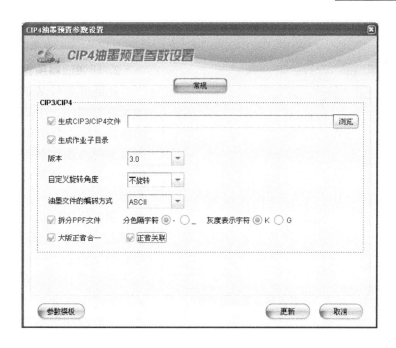

图 11 - 3　方正畅流 CIP 油墨预置

①生成 CIP3/CIP4 文件。此选项用于自定义 CIP3/CIP4 油墨文件的输出路径。若不选，生成的油墨文件将位于默认路径下"\\ 服务器名 \ InkFiles \"。勾选后，用户则可自定义输出路径，可手动键入，如"\\ 服务器名 \ Upload \"，也可点击"浏览"，从备选的路径中直接选取。此处支持多个路径，即在多个路径下生成油墨文件，路径之间请使用"|"分隔。

②生成作业子目录。在油墨文件输出路径下生成一个以作业名称命名的子文件夹，在该子文件夹下生成油墨文件。若不选，则直接在输出路径下生成油墨文件。

③版本。油墨文件的版本。3.0 以下为 . cip 格式，3.0 为 . ppf 格式。

④自定义旋转角度。选中后，可自定义油墨文件的旋转角度。

⑤油墨文件的编码方式。二进制或 ASCII。

⑥拆分 PPF 文件。此参数仅在版本为"3.0"时可用。选中后，可将 PPF 油墨文件拆分为与作业色版一一对应的多个文件。例如，若输入文件包含 CMYK 四个色版，选中后，将生成四个 PPF 文件，分别描述 CMYK 四个色版的油墨信息。

⑦色版分隔符。拆分后，PPF 文件名末尾将增加如 C、M、Y、K 这样的字符来表示色版，此字符前还存在一个分隔符号，可为"-"或"_"，在此处指定。

PPF 文件名示例："12_ 10_ 11_ Calibration_ Test_ pdf_ p0001_ 2540_ C. ppf"。

⑧灰度表示字符。在 PPF 文件名末尾，用以表示 Gray 色版的字符，"K"或"G"。

⑨大版正背合一。若输入文件是经过加网的正、背大版文件，选中后，将生成一个油墨文件来描述大版正、背面的油墨信息。若不选，将生成两个油墨文件，一个描述正面，一个描述背面。

正背关联。若选中，油墨文件正背两面的旋转方向将产生一定的关联，正面按"自定义旋转角度"的设置进行旋转，背面则以反方向旋转同样的角度。例如，若"自定义旋转角度"设为"旋转90度",选中"正背关联"后,正面逆时针旋转90度,背面则顺时针旋转90度。

图11-4 方正畅流"印源油墨预置参数设置"

2. 印源油墨预置

此处理器可基于加网生成的油墨预置缩略图,生成方正印源专用的油墨文件,为没有CIP3接口的印刷机实现油墨控制提供一种有效的解决方案。在获得此处生成的油墨数据后,印刷人员只需输入墨量数据,便可使印刷机快速进入正常运转状态,达到节省印刷机调机时间、降低版纸浪费、帮助印刷企业降低生产成本等目的。方正畅流"印源油墨预置参数设置"见图11-4。

①生成印源专用油墨文件。用于自定义油墨文件的输出路径。若不选,在默认路径下"\\服务器名\InkFiles\"生成油墨文件。勾选后,可自定义输出路径,既可手动键入,也可点击"浏览"直接选取。支持多个路径,路径间请使用"|"隔开。

②生成作业子目录。在输出路径下生成一个以作业名称命名的子文件夹,在该子文件夹下生成油墨文件。若不选,则直接在输出路径下生成油墨文件。

3. 油墨信息

在方正畅流中,如果加网后需进一步将生成的点阵文件提交"CIP油墨预置"或"印源油墨预置"处理器,则需要在输出时进行油墨信息设置(图11-5)。

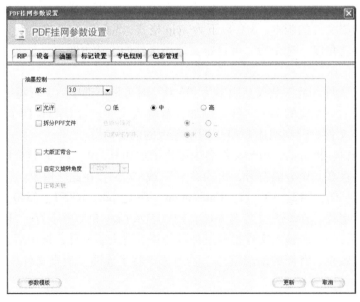

图11-5 方正畅流"油墨信息"

①油墨预置缩微图。勾选后，将产生一个专用于油墨预置的缩微图，"CIP 油墨预置"或"印源油墨预置"处理器正是基于此图生成标准的 CIP3/CIP4 或印源专用的油墨文件。若不选，加网后将生成的点阵提交给"CIP 油墨预置"或"印源油墨预置"，方正畅流将会报错。

②分辨率。油墨预置缩微图的分辨率等级。

③跟随点阵旋转。若勾选，缩微图将随着点阵旋转，即"RIP > 旋转设置"处的设置对此处的缩微图同样起作用。

四、其他预放墨系统

1. InkZone

InkZone 是由瑞士 Digital Information Ltd. 公司开发的连线油墨预置系统，其将 PPF 或 JDF 或是印版上的 1–bit TIFF 影像，转成各家印刷厂的独特墨控数据格式。

仿真控墨台的储存媒体，例如：模拟海德堡的内存卡，或是模拟高宝的 Rapida 105 软盘机，模拟曼罗兰机的芯片卡，连接到控墨台，利用 Ethernet 网络连上计算机，让控墨台实际上接受墨控数据，却以为存取自软盘片或是内存卡，等于 InkZone 计算机直接提供控墨数据文件给控墨台。InkZone 可以记录每一项经过 InkZone 流程的墨控数据，比较经印刷工作人员印刷过程修改的结果，记录两项的差异，可作为这一台印刷机墨控数据修正的经验值。

InkZone 的功能包括传送、保存和调整墨控数据三种，不论是离线或是在线的方式，总是能将 A0. ppf 先转换成 A0. ink（InkZone 的内部格式），再转成海德堡的格式（A0. hei）"传送"到海德堡印刷机的控墨台，当印刷过程中这一数据经过印刷操作人员的调整，直到确定可以印出合适的质量，印刷后这一组调整好的墨控数据（A1. hei）会被储存回 InkZone 的计算机，也会存入 InkZone PERFECTOR 的硬盘中。

InkZone PERFECTOR 软件的墨控线性表里，有两条曲线，一条 Ductor（墨控台调整过的 A1. hei），一条 Ink Key（InkZone 传过去的 A0. hei），从两条曲线的差异，可以分析印刷机的特性。如果按下"Linearization"按钮，InkZone PERFECTOR 软件就会将两者的差异建立一线性 $f(h)$，如果你下一次有一新的活要印，可利用线性 $f(h)$ 来调整。

2. Ink setter

Ink setter 是德国基于 CIP4 技术的油墨预置系统。通过将印前的文件转换成墨键信息，直接发送到印刷机，印刷机读取转换后的对应墨键信息，完成自动放墨。这样就让印前与印刷直接相联，构成完整的数据链和信息流，让印刷流程一体化。Ink setter 包含 Ink–setter Converter（文件转换模块）、Ink–setter Preset（油墨预置模块）、Ink–setter Closed–Loop（闭环校正模块）、Ink–setter Connector（硬件接口）。

Ink–setter Converter（文件转换模块）通过计算，从 RIP 产生的文件中得到油墨覆盖率信息。输入的文件格式可以是标准的 CIP3/4 格式，也可以是标准的 1–bit Tiff 格式，甚至也可以是各个 RIP 自己特殊的格式。ink–setter Converter 所能接收的格式包括：CIP3/4、1–bit Tiff、ESKORIP、Agfa Apogee PDF RIP、Heidelberg Delta RIP、Kodak Prinergy、Screen Trueflow。

Ink – setter Preset 接收来自 Converter 模块的信息，把墨键放墨量信息发送到印刷机机台，完成油墨预置的动作。Ink – setter Preset 的另外一项重要功能就是优化学习功能。因为墨键放墨信息来自电子文件，是标准的、理想的。而实际印刷机的状态可能千差万别，不同的材料也会对色彩有影响，因此初始放墨信息并不能反映印刷机当前状态。通过印刷机长的手动调节，对初始设置进行修正并保存，Preset 模块可以根据保存的实际墨键设置，学习和了解印刷机当前状态，同时生成一条补偿曲线，并自动应用于下一个活件。这样的补偿曲线以材料类型分类，不同的纸张生成不同的曲线。Ink – setter Preset 主要功能：油墨预置、优化学习、自动归档、重印、预览。

Ink – setter Closed – Loop（闭环校正模块），印刷机的状态总是在变化中的，同时影响印刷色彩的因素又不胜枚举，因此对印刷设备的标准化过程往往效率低下，成本高昂。Ink – setter Closed – Loop 模块使用配套的扫描型分光密度仪，在生产过程中，对印刷品的控制条进行扫描，计算出当前不同墨键区域墨量的实际密度值，反馈给系统。根据预先设定好的补偿规则，对颜色进行修正，并将修正后的墨键信息自动发送到印刷机台，达到实时控制色彩的效果。Ink – setter Closed – Loop 是油墨预置的选配模块。

Ink – setter Connector（硬件接口）通过硬件接口，才能把墨键信息从预置模块所在的电脑传输到印刷机台。不同品牌的印刷机，所使用的接口也不尽相同。

训练题

一、判断题

1. CIP3 代表印前、印刷和印后的一个国际性合作。（　　）

2. CIP3 与 CIP4 是同一个组织。（　　）

3. JDF 联盟由原 CIP4 联盟成员的四家公司所另行组成，这四家公司为 Adobe、Agfa、Heidelberg、Manroland。（　　）

4. 基于 CIP3/CIP4 标准的油墨预置技术通过分析印前输出中经过 RIP 分色加网的 1-bit TIFF 文件，依据印刷机的结构、墨键数量、色版顺序对该版面信息进行分区，计算出各个区域对应的单色的网点面积率。（　　）

5. CIP3 PPF 档案产生于印刷。（　　）

6. 油墨预置技术是要在印刷机开机之前，在印前制版过程中预先生成油墨控制数据，此数据用来控制调节印刷机各个墨键的开度，进而控制各个墨区的油墨量。（　　）

7. CIP4 联盟，联盟的全名在原来的 3 个 P 之外再加了 P-"Process 制程"而成为"International Cooperation for Integration of Processes in Prepress, Press and Postpress"。（　　）

二、问答题

1. 说明 CIP3 与 CIP4 联盟的工作目标。

2. 说明基于 CIP3/CIP4 油墨预置的工作原理。

模块四

印刷过程的色彩控制

项目十二 印刷油墨色彩调配

任务一 油墨配色

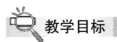

教学目标

掌握印刷油墨配色的方法，以及油墨配色对于印刷复制的作用。

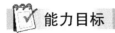

能力目标

掌握印刷油墨配色的基本方法。

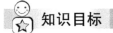

知识目标

理解油墨配色理论。

一、油墨配色原理

1. 油墨减色法

油墨是依据色料的三原色，黄、品红及青，它们均属非发光体，特性是分别吸收（或减去）白光内三分之一色光，而反射其余两色光合成后而得的，就如黄色，它吸收（或减去）白光内的紫蓝色光，反射出红绿两色光，而这两色光合成后而得出黄色，品红吸收白光内的绿色光，而青则吸收白光中的红色光。所以油墨三原色被称为减色法原色（Substractive Primaries 或 Substractive Primary Colours）。

2. 颜色的特性

油墨颜色的性质取决于色相（Hue）、饱和度（Saturation）及明度（Luminosity）。色相是因油墨反射的色光在可见光的光谱中，都具有一定的波长，这波长就是油墨颜色的色相或是某油墨色彩的相貌。饱和度就是指颜色的纯度。纯度最高时，就是完全根据油墨减色法的理论，吸收（或减去）三分之一色光和反射三分之二色光。明度是指油墨表面反射出来光量的多少，而直接产生不同的明暗层次，且油墨颜色的色相是不变的。

第二次色为原色墨相加的色彩。如红＝黄＋品红，绿＝黄＋青，紫蓝＝青＋品红。三原色等量调配时，就是中心的灰位。

3. 专色的调配

专色油墨是由印刷厂预先混合好或油墨厂生产的。对于印刷品的每一种专色，在印刷时都有专门的一个色版与之对应。使用专色可使颜色更准确。尽管在计算机上不能准确地表示颜色，但通过标准颜色匹配系统的预印色样卡，能看到该颜色在纸张上的准确颜色，如 Pantone 彩色匹配系统就创建了很详细的色样卡。专色油墨配色，即用户根据实际需求，利用不同基色油墨，调配出特别色油墨以供专色颜色复制使用。

油墨的色相是影响印刷品质量的关键指标之一，因此，油墨的调配就成了印前必不可少的工序。配色的基本原理是以色彩合成与颜色混合理论为基础，以色料调和方式得到同色异谱色的效果。随着电子计算机技术的发展，计算机可以存储大量的数据，具有高速运算能力，借助色度学的理论能对大量的油墨基础数据及颜色数值进行处理，通过人机对话进行配色，速度快，精度高，将其引入印刷领域，可使色彩管理和质量检测更现代化。

二、油墨配色的方法

1. 传统配色法

传统配色法是指在没有测色仪器的情况下仅凭配色者的经验和感觉进行配色，早期是以配色者从实践中积累的经验作为依据，中、后期的配色是以 10 种基本色图或印刷色谱作为目视测色的参考标准。传统配色法常常受到配色者生理、心理因素及其他客观条件的影响，产品质量难以保持稳定。传统配色工艺，一直依赖作业人员长年累积下来的技巧与经验，一个可信赖的专色油墨调配员，最少需要 8 至 10 年时间，才能完全掌控调墨时色彩的变化。

假如印刷厂用上两三个品牌的油墨，那就要花更多时间去适应它们的色彩特性。以四色的蓝为例：欧美等地区生产的油墨中黄墨成分浓度都较高，相反亚洲地区出产的油墨都较为娇艳。当然，不同地区出产的油墨亦有不同。这些不断变化的因素，都影响着配色人员对油墨色彩的判断。依靠经验和感觉配色，只能定性，无法定量，技术的传播与交流比较困难。

传统配色过程方法简单，但却存在许多缺点：

①加入更多不同种类的油墨时，油墨会变脏，鲜艳程度大大下降。

②分量难以控制，往往比预期调配之分量多出数倍。

③加入大量白墨，虽能增加遮盖力及能即时检视色相，但已减低了耐印度和印刷适性。

④不能利用纸张本身的颜色，去调配专色油墨，增加白墨应用。

⑤印墨厚度难以控制。

⑥质量不稳定，往往因配色人员的技术偏差而出现问题，缺乏客观的判断。

2. 机械配色法

机械配色法是近代逐渐开始流行的较先进的配色方法，在配色的各个环节，采用一定的机械、仪器作为配置和测量工具，通过绘制曲线图表，作为配色的参考依据，使配色工作在相对精确的范围内进行。这种方法改变了以往经验配色的某些盲目性，使配色速度及质量均有所提高，但配色的精度低、误差大。

3. 计算机配色法

计算机配色在国外已有约 30 年的历史，目前已在国内外许多用色部门应用。人们利用储存在计算机内的颜色数据库和相关配色软件之间的连接，对样稿上的颜色数据进行分析处理，通过计算、修正、调色，选出适合样稿要求的颜色配方，进而完成油墨的自动配色。计算机配色要求标准色样及配出的墨样的颜色均以数字表示，保证了每次配色的精确度和统一性，而且大大节省了配色时间，方便、快捷、迅速、精确是计算机配色的优势。但不同的企业、公司开发出来的配色软件，都是在考虑各自的实际生产、应用条件的基础上研制的，没有统一的标准，这是计算机配色无法普及的原因之一。

计算机配色的特点：

①可以减少配色时间，降低成本，提高配色效率。

②能在较短的时间内计算出修正配方。

③将以往所有配过的油墨颜色存入数据库，需要时可立即调出使用。

④操作简便。

⑤修色配方及色差的计算均由计算机数字显示或打印输出，最后的配色结果也以数字形式存入存储器中。

⑥可以连接其他功能系统。例如：可以连接称量系统，将称量误差降到最小；再现性提高，若工艺流程为连续式，可在印品上设置印品质量监视系统组合印刷，当有任何异常情况发生时，就会立即停机，减少不必要的浪费。

4. 计算机配色系统构成

预备必要的器材：

①毫克电子秤。能测量小数点后三位重量的电子秤。

②调墨刀。与厂房应用的差不多，要预备大小不同种类的较适合。

③玻璃。视调墨量多少，一般测试可用 $18'' \times 36''$。

④打样机。能把油墨平均印在承印物上的仪器，能以着墨分量来控制厚度的如 IGT、RK。

⑤电脑油墨配方软件。能计算油墨资料及配方，建立资料库等功能如 GretagMacbeth（Ink Formulation）、X – Rite（Color Master）。

⑥分光密度仪。测量使用 0/45，印刷样品测量用 d/8 积分球型漫射式。

⑦底材。建立资料库用，建议选择不含荧光增白剂的纸张，分涂布与非涂布两种，能把油墨颜色充分表现。

⑧油墨。以印刷四色为基本，再配以常用的专色 CMYK、透明墨、白墨、紫墨、绿墨和橙墨等，务求以最少的油墨种类，调配最多的专色油墨。（日后将以此 12 种油墨为主要配色色种）。

⑨标准对色灯箱。配合紫外光灯、D50、D65 及 A 光源，可同时观测在不同光源下，印刷品同色异谱的情况。

任务二　计算机配色系统

教学目标

掌握计算机配色的方法与原理，系统构成，以及 X－rite 计算机配色系统的使用方法。

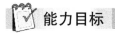

能力目标

掌握 X－rite 计算机配色的基本方法。

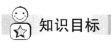

知识目标

理解计算机配色理论。

一、计算机配色原理

1. Kubelka－Munk 理论

K－M 理论早在 1931 年就已提出，但是直到 1958 年才开始成功地用于纺织印染行业，印刷行业应用该理论则始于 20 世纪 70 年代。美国、日本等国家开发的计算机配色系统，基本上仍采用这个理论。

到目前为止，计算机配色（CCM）的基本原理仍然沿用 K－M 理论。例如光谱视觉匹配方法、计算机反射光谱法配色、电脑配色逼近算法等都是以 K－M 理论为基础的。但 K－M 理论在实际应用中，其理论计算与具体实践之间常出现差异，究其原因可归纳为下述因素。

K－M 理论本身是在一定的假设条件下推导。

①设色层厚度为 x 整合，光照落在任一微元层 $\mathrm{d}x$ 时，不考虑界面引起的反射，其结果必定导致应用该理论的色层是浸没在相同折射指数的介质中，这种为了使问题简化而忽略界面上不同折射指数的算法，可能造成误差。

②$\mathrm{d}x$ 是色层厚度 x 内的任一微元层，这样求出的吸收系数和散射系数，使用时被认为整个色层是相同均匀的，但这种假定难以应用于消光或半消光的油化材料。

③色层内的着色剂颗粒是混乱排列的，使色层内的光照成为一种漫扩散形式，颗粒完全浸没在扩散效应中，产生上下两个通道。但实际应用中，当颗粒存在于薄片形式的油化薄膜中，大多数呈水平方向排列时，将引起两个通道光通量假定的破坏。

④在薄色层上，光线来不及散射就已经进入色层内部，在暗色相处，相当多的光线在散射前已被吸收，所以这些进入色层的光束不呈扩散状态，致使实验结果出现较大差异。

印刷行业在描述油墨叠加效果时必须考虑光与颜料颗粒的相互作用及油墨的物理性质。在实际应用中，应该说 K－M 理论中包含两个双常数，分别为吸收系数 K 和散射系数 S，油墨对光的散射能力与基质的散射能力相比可以忽略，因而油墨的呈色原理主要是油墨对光的选择性吸收，而油墨对入射光的吸收能力受油墨层厚度及油墨浓度的影响。K－M 理论是以不透明介质为前提提出来的，而印刷中使用的油墨是透明性或半透明性的，因此，K－M 理论有不足，值得进一步研究与发展。

2. 其他油墨配色的构想

（1）三刺激值配色。目前国内外的电脑配色系统所使用的数学模型以 K/S 函数为主流，针对 K/S 的局限性和印刷工业的特点，以下介绍一种利用三刺激值进行配色的方法。该方法不使用 K/S 值、反射率等表色指标，仅用三刺激值作为配色指标。

利用三刺激值配色重点是寻找三刺激值与网点百分比之间的关系。印刷中，转换三刺激值与网点百分比之间的方法主要有用纽介堡方程转换、用矩阵变化方法转换和采用查找表转换。

（2）三刺激值配色原理。根据 CIE 标准色度学系统，任何自然界的颜色均可用光谱三刺激值 X、Y、Z 来表示。目前大多数先进的测色仪器都选用这种色度系统，即任何物体的颜色都可用三刺激值 X、Y、Z 表示。配色时利用同色异谱原理，即如果两块色样的三刺激值 X、Y、Z 分别相等，则二者为同色。用色谱建立的查找表描述了三刺激值与各色油墨网点百分比之间的关系。设某色样由三种油墨 a、b、c 叠印而成，这三种油墨的网点百分比分别是 l、m、n，则油墨 a、b、c 的配比是 l:m:n，白墨占（1 － l）×（1 － m）×（1 － n）。

（3）三刺激值配色方法（图 12 － 1）。把色谱各色块的三刺激值和各油墨的网点百分比输入计算机，建立基础数据库。配色时，把目标色样的三刺激值输入到系统中，由系统计算出混合油墨及其比例，并输出配方预测结果。当配色结果的墨样干燥以后，再测出其三刺激值，由计算机根据色差公式计算出色差，做出进一步修正的指令，即可迅速配制出较高质量的印刷色样。

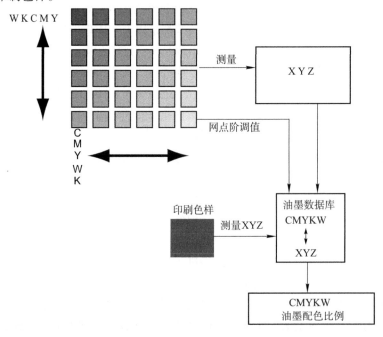

图 12 － 1　基于色样三刺激值的配色原理

色谱包括了常见的大部分颜色，对于在色谱内的颜色，可以直接查找得到油墨的配比，而不在色谱内的颜色出版，可以采取先在色谱内找到与其色差最小的颜色，然后通过线性插值法求解。

（4）计算机实现。

①计算机配色系统的硬件部分。包括计算机，使用 Windows 操作系统，硬盘存储空间至少 20MB；分光密度仪；色谱。

②计算机配色软件系统。

a. 软件主菜单：显示配色系统软件中各程序目录媒体，使操作者对该配色软件有一个大概的认识，使操作者根据自己的目的对目录中显示的程序进行选择和调用。

b. 基础数据文件：使用 Microsoft 的 Access 建立数据库文件，包括双色套印、三色套印和专色套印三部分。该文件包括基础数据文件的建立、管理、数据处理部分及配方存储程序。

二、基于 K – M 理论的计算机配色系统（以 X – rite ColorMaster 配色系统为例）

为了满足包装印刷色彩准确一致的控制，X – Rite ColorMaster 软件配合分光光度仪可实现专色油墨的配制工作。

1. 油墨配色工作流程

①将基础墨颜色数值分别按不同浓度配比输入配色系统，建立基础墨颜色数据库。

②将客户指定墨色通过爱色丽测色仪器输入配色系统建立标准值。

③运行配色系统得出可选配色方案（根据光谱啮合指数 CFI、配色成本等因素，系统将给出多种可选方案）。

④根据系统配色解决方案进行油墨打样。

⑤用爱色丽测色仪器将打样颜色数据输入配色系统，与标准值比对。

⑥通过数据的比对、修正，获得满意配方（或重复⑤⑥步骤，直到得出满意配方）。

2. 创建标准

①点击"仪器"——"创建标准"（图 12 – 2）。

②点击"油墨集"，选择用于配色用的数据库，并选用用于配色的基础油墨，更改"配方内油墨数"，选择是否"使用黑墨"，点击确定（图 12 – 3）。

③点击"底材"，测量配色用的纸张，或者通过"检索"，选择之前存储的底材，点击确定（图 12 – 4）。

④点击"配色"，在出现的配方列表中，点击某一配方，即可在其下方窗口查看配方组成及比例（图 12 – 5）。

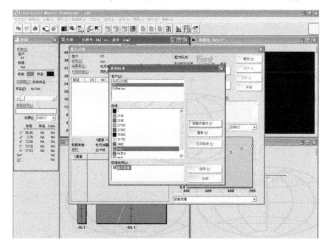

图 12 – 2　创建标准

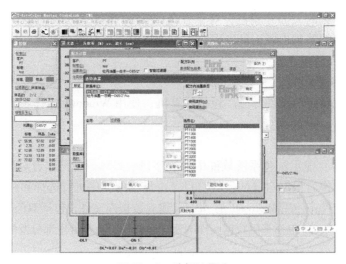

图 12 - 3　选择油墨库

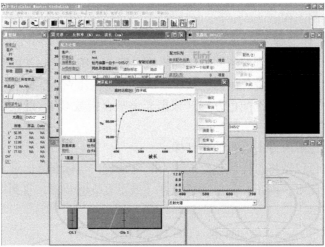

图 12 - 4　底材

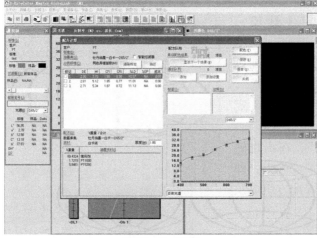

图 12 - 5　配色

⑤选择某一配方，点击"保存"。

3. 打印油墨样

在出现的窗口，即可查看配方（如没有配方窗口，可通过点击"视图"——"配方"，在新弹出的窗口，即可查看），根据配方调小墨样色，上印刷适性仪打印油墨样。制备小样为不同浓度梯度的小样，最高浓度点必须超过实际应用中的最高浓度，一般做 8 ~ 12 级浓度为好。

4. 测量色样

①点击"仪器"——"测量试样"（图 12 - 6）。

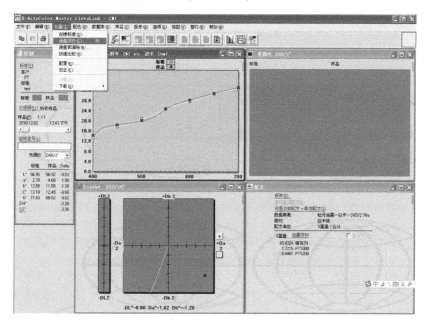

图 12 - 6　测量试样

②将打印的油墨样放置到仪器的定位孔中，点击当前窗口中的"测量"，测量当前油墨样，然后点击"保存"，并"关闭"。

现在，即可在软件的左边控制窗口，查看标准与试样的色差。在其他窗口中，可查看它们之间的"反射率曲线""颜色模拟情况""当前油墨配方"。

5. 修正配方

如当前油墨样与标准之间色差较大，不符合要求，可点击"配色"——"配方修正"（图 12 - 7）。

点击"修正配方"窗口中的"油墨集"，选择修正配方用的油墨，选择"追加模式"和"使用修正因子"，点击"更正"，在当前窗口的左下角即会出现，修正配方需要添加的油墨比例。

6. 新配方报告

点击"报告"——"现有材料量"——输入需要修正的油墨量（图 12 - 8）。

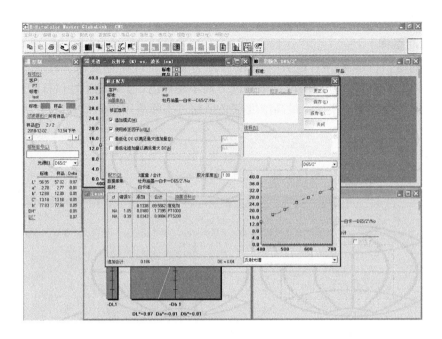

图 12 - 7　修正配方

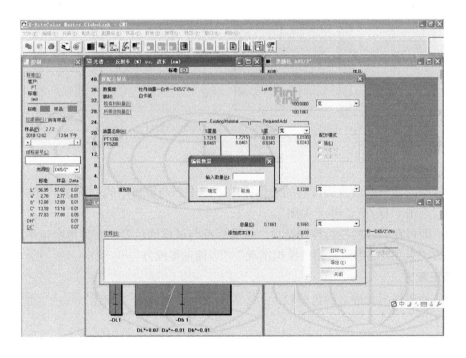

图 12 - 8　修正油墨的数量

即可根据"Required Add"下黄色区域显示的油墨量及其下方的填充剂数量,称取油墨,添加到需要修正的油墨中,点击"关闭"。重复以上步骤,直至配方符合要求为止。一般修正 1~2 次即可完成。

训练题

一、判断题

1. 专色油墨是由印刷厂预先混合好或油墨厂生产。（　　）

2. 机械配色法利用计算机配合完成。（　　）

3. 电脑油墨配方软件能计算油墨资料及配方，建立油墨数据库。（　　）

4. 三刺激值配色方法把色谱各色块的三刺激值和各油墨的三刺激值比输入计算机，建立基础数据库。（　　）

二、问答题

1. 说明油墨配色系统的工作原理。

2. 比较传统配色与计算机配色的异同点。

项目十三　印刷过程控制中的色彩

任务一　印刷过程控制标准

教学目标

掌握 ISO 12647 系列印刷标准关于印刷控制的相关规定。

能力目标

掌握 ISO 12647 - 2 胶印印刷过程控制的相关规定。

知识目标

掌握 ISO 12647 标准的相关规定。

一、ISO 12647 标准

ISO 12647 印刷过程控制标准由国际标准化组织（International Standard Organization，英文缩写 ISO）内针对印刷技术的专门委员会 TC130 制定，其制定的国际标准主要可归纳为以下几大类：术语标准；印前数据交换格式标准；印刷过程控制标准；印刷原辅材料适性标准；人类工程学/安全标准。其中，印刷过程控制标准是印刷生产广泛应用的基础标准，在 ISO/TC130 中占有重要的地位，它主要规定了印刷生产过程中各关键质量参数的技术要求和检验方法。如 ISO 12647 的一系列标准，它是按照胶印、凹印、网印、柔印、数字印刷的工艺方法划分，针对不同印刷方式的质量控制能力，规定各自的技术要求和检验方法。

ISO 12647 标准（印刷技术、网目调分色、样张和印刷成品的加工过程控制）是在世界范围内多个国家印刷质量委员会的综合数据基础上发展而来的。它是一系列标准包装印刷，为各种印刷工艺（胶印，凹版印刷，柔性版印刷等）制作的技术属性和视觉特征提供最小参数集。该标准向制造商和印刷从业者提供了指导原则，有助于将设备设定到标准状态。来自这些印刷厂的测量数据可以用来创建 ICC 色彩描述文件并生成与印刷色彩相匹配的打样样张。

ISO 12647 是建立在包括油墨、纸张、测量和视觉观察条件标准之上的标准。这个标准包括很多部分。在 ISO 12647 标准的每一部分中，对不同的印刷工艺，定义了该工艺参数的最小值。

ISO 12647 - 1：代表包装印刷的控制参数与测量条件

ISO 12647 - 2：胶印过程控制

ISO 12647 - 3：新闻纸的冷固型胶版印刷过程控制

ISO 12647 - 4：凹版印刷过程控制

ISO 12647 - 5：丝网印刷过程控制

ISO 12647 - 6：柔性版印刷过程控制

ISO 12647 - 7：数码印刷和打样过程控制

简而言之，ISO 国际标准有助于印刷从业者、印前部门以及印刷品买家之间进行信息交流。作为国际上通用的标准，ISO 已经越来越广泛地被印刷品买家所接受和采用，也成为印刷企业进出口业务的通行证。

而在国内，采用国际标准的印刷企业也越来越多，如凸版利丰雅高有限公司、北京圣彩虹制版印刷技术有限公司、浙江影天印业有限公司等众多知名印刷企业，甚至一些规模还不是很大的企业，在印刷生产时均严格按照 ISO 12647 - 2、ISO 12647 - 7、ISO 2846、ISO 12646、ISO 10128 等一系列国际标准的要求去执行印刷流程的每一步操作，做到产品有序可循、有章可查以确保产品的稳定性。

二、ISO 12647 - 2 标准

ISO 12647 - 2 是 ISO 12647 中的标准"印刷技术——网目调分色、打样和印刷的生产过程控制——第 2 部分：胶印机过程控制"，ISO 12647 - 2 的可信度是建立在实地密度块和 TVI（网点增大）曲线的基础上。

1. 实地 CMYK 色度标准

随着印刷与检测技术的发展，印刷品质控制分析研究发现印刷密度指标不能准确地控制印刷四色油墨的品质，因此 ISO 12647 - 2 印刷过程控制标准于 2004 年发布的新标准中将印刷四色实地色的测评指标修订为以 CIELab 色度值为标准的值，见表 13 - 1。

2. TVI 标准

在 ISO 12647 - 2 胶印印刷控制标准中对印刷网点增大进行了说明，表 13 - 2 列出了 ISO 标准纸张与胶版印刷条件下的 50% 阶调时的网点增大值。如图 13 - 1 所示为 ISO 根据特定印刷条件所获取的标准网点增大曲线。

表 13 - 1　ISO 印刷实地标准

纸张类型	1 + 2			3			4			5		
	L^*	a^*	b^*	L^*	a^*	b^*	L^*	a^*	b^*	L^*	a^*	b^*
黑色衬垫测量值（On Black Backing）												
黑色	16	0	0	20	0	0	31	1	1	31	1	2
青色	54	−36	−49	55	−36	−44	58	−25	−43	59	−27	−36
品红色	46	72	−5	46	70	−3	54	58	−2	52	57	2
黄色	88	−6	90	84	−5	88	86	−4	75	86	−3	77
红色（M + Y）	47	66	50	45	65	46	52	55	30	51	55	34
绿色（C + Y）	49	−66	33	48	−64	31	52	−46	16	49	−44	16
蓝色（C + M）	20	25	−48	21	22	−46	36	12	−32	33	12	−29
白色衬垫测量值（On White Backing）												
黑色	16	0	0	20	0	0	31	1	1	31	1	3
青色	55	−37	−50	58	−38	−44	60	−26	−44	60	−28	−36
品红色	48	74	−3	49	75	0	56	61	−1	54	60	4
黄色	91	−5	93	89	−4	94	89	−4	78	89	−3	81
红色（M + Y）	49	69	52	49	70	51	54	58	32	53	58	37
绿色（C + Y）	50	−68	33	51	−67	33	53	−47	17	50	−46	17
蓝色（C + M）	20	25	−49	22	23	−47	37	13	−33	34	12	−29

表 13 - 2　ISO 标准纸张与胶版印刷条件下的 50％阶调时的网点增大值

印刷条件	网点增大值（针对不同的加网线数）		
	52 线/厘米	60 线/厘米	70 线/厘米
四色彩色印刷各彩色版网点增大[①]			
阳图版[②]，纸张类型[③]1、2	17	20	22
阳图版，纸张类型 4	22	26	—
阴图版，纸张类型 1、2	22	26	29
阳图版，纸张类型 4	28	30	—
轮转商业印刷等印刷条件下四色版网点增大[①]			
阳图版，纸张类型 1、2	12	14（A）[④]	16
阳图版，纸张类型 3	15	17（B）	19
阳图版，纸张类型 4、5	18	20（C）	22（D）
阴图版，纸张类型 1、2	18	20（C）	22（D）
阴图版，纸张类型 3	20（C）	22（D）	24

续表

印刷条件	网点增大值（针对不同的加网线数）		
	52 线/厘米	60 线/厘米	70 线/厘米
阴图版，纸张类型 4、5	22（D）	25（E）	28（F）

注：①黑版与其他彩色版的增大值相同或大 3%。

②印版的种类相对直接制版技术应该是独立的，但在实际生产过程中往往使用不同的控制参数输出阳图版与阴图版。

③纸张的类型在 ISO 12647 – 2 胶印标准的 4.3.2.1 中有相关的规定。

④A，B，C，D，E，F 是图 13 – 1 所对应的标准曲线，曲线通过测量印刷复制品上的 CMYK 各色阶的色样的色度值计算后得到网点值，然后绘制曲线。

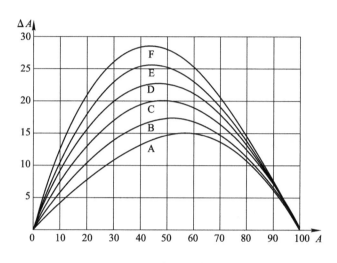

图 13 – 1　ISO 标准网点增大曲线

任务二　GATF 数字测试文件

 **教学目标**

掌握 GATF4.1 数字测试文件的结构与各功能块的功能，以及利用其进行印刷测试的方法。

能力目标

掌握利用 GATF4.1 数字测试文件进行印刷测试的方法。

知识目标

掌握 GATF4.1 数字测试文件的结构与各功能块的功能。

GATF 数字测试文件 4.1 是进行印刷过程控制测试所用的一个标准数字测试文件。通过将该数字文件输出到印版上，并上机印刷，对各项指标检测后，可获得相应的生产控制信息，通过对印刷过程定量控制及对印刷品的质量检测，达到印刷品生产的稳定和高效，实现提高印刷品重复再现率，使千百万张印刷品的质量达到前后一致，达到印刷标准化的管理目标。

通过 GATF 数字测试文件 4.1 可获得印刷过程控制中的以下几个方面的问题：①网点增大后的色彩平衡问题；②控制网点的阶调还原；③掌握最佳的实地密度；④掌握印版的曝光控制；⑤掌握油墨的色度特性，控制好油墨的适性等。

一、GATF 数字测试文件 4.1 功能

GATF 数字测试格式 4.1 为 25 英寸×38 英寸（63.5cm×96.5cm）的单张纸印刷测试标准数字文件，其主要用于印刷故障的诊断、印刷设备的校正和印刷过程控制。

1. 输出胶片与印版质量控制分析的区域

GATF 数字格式输出设置质量测试区见图 13-2。

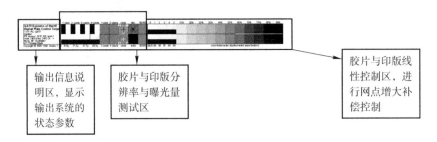

图 13-2　GATF 数字格式输出设备质量测试区

2. 印刷常见故障测试区

测试区（图 13-3）以黄、品红、青、黑加上两个专色共 6 大块组成，每块由 4 个竖直条，分别为实地、50%的竖线、50%的横线和 50%的竖线（150lpi）4 部分组成，从叼口到拖梢全长，位于印版的两边，用于测试各种颜色印刷时较易出现的如上脏、重影、水印等故障，以及印刷测试过程中墨量的均匀性。

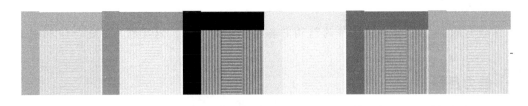

图 13-3　GATF4.1 数字测试文件印刷常见故障测试区

3. 印刷色块

各种单色油墨和双色套印色的实地色块和 50% 网点色块，用于各色版密度测量与控制，以及油墨叠印的评估。

4. 输出精度测试区

测试输出设备所能再现最细线条的能力，也是印版质量检测的一个重要区域。

5. 星标

测试印刷网点增大与重影、套准等故障。

6. 彩色颜色校正对象

该部分的用途是提供一种方法来确定色彩校正的规范，它是对于印刷系统当中的红、绿、蓝色相的控制进行测试的区域。

7. 最大墨量测试区

最大墨量是指四色分色胶片上的网点面积的总量。最大墨量区（图 13 - 4）按照黑墨网点面积从 76% ~ 100% 的变化，按排展开。三色叠印总网点面积按列从 202% ~ 275%（三色相加）的变化排列，而青、品红、黄墨的网点值则在最上端显示，用于测定印刷的最大最佳供墨量，以便于印前图像分色时进行参数设定。

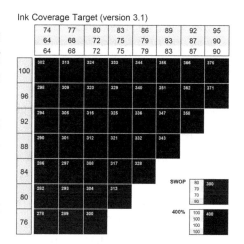

图 13 - 4　GATF 数字测试文件
最大墨量测试区

8. IT 8.7/3 基础数据

用于测量色彩的色度值，以便生成印刷特性文件，对印刷设备的色彩特性进行描述。

9. 套印测试区

套印测试区（图 13 - 5）主要用于评估各种输出系统的套准的精确性，系统中轻微的套准偏差就会导致本应接触的各部分之间出现白线。这些白线突出于底色之上，很容易发现。套准偏差的大小及方向可通过白线的宽度来确定。

图 13 - 5　GATF 数字测试文件套印测试区

10. 网点增大测试区

该部分包含了一些特定的黑色的比较网点大小的块，表示不同加网线数与网点百分比对复制阶调的影响。使用密度仪对网点进行测量，可以绘出一组网点增大值曲线，以表示不同加网线数下的网点增大值的变化。

11. 数字校样比较

通过数字测试文件套印测试区（图 13 - 6）进行印刷样与数码样张的对比评价。此区域包含 CMYK 四色阶调比较测试条，灰平衡比较测试条，基本色色差比较区，打印分辨率测试区（即细线打印测试），最大墨量测试区等。

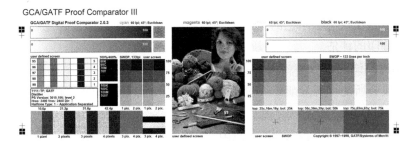

图 13-6　GATF 数字测试文件数字校样比较区

12. 灰平衡图

灰平衡图由一系列的色块组成，这些色块沿垂直方向品红值逐渐变化，沿水平方向黄色值逐渐变化。而青网点的大小在整个矩阵中是一致的，并由方阵的左上角的数值来确定。此测试区用于查找印刷灰平衡参数，找出印刷复制中的灰平衡曲线。

13. 20 级阶调梯尺

阶调值按 5%～100% 以 5% 递增，每个色块尺寸是 55mm，该梯尺可用于测量印刷系统的网点增大值，其数据可用于构建网点增大值曲线。

14. 图像复制质量评价区

该区域包含测试人物肤色与暗调层次的还原情况，测试中间调与暗调层次的还原情况，测试亮调层次的还原，测试网纹与纺织品，以及中性灰色的印刷复制的效果，测试记忆色与人物肤色的复制效果与检查色偏，检测颜色的饱和度与准确性等各类图像。

15. GATF 彩色测控条

测试印刷相关控制指标，如网点增大值、印刷 K 值、油墨叠印率、油墨灰度、油墨色强等进行测量与分析。

16. 色彩测试区

色彩测试区（图 13-7）可进行网点增大测试与彩色复制色差分析，其包含 IT8.7/3 基础数据除 CMYK 色彩阶调梯尺外的所有基础数据设置色块，CMYK 单色以及两色等量叠印的从 5%～95% 以 5% 等间隔增加的网点增大情况，并增加 3% 和 7% 的高光网点和 97% 暗调网点。

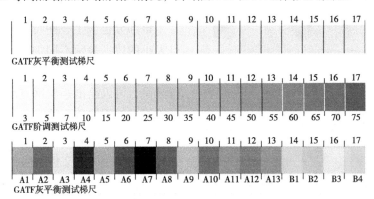

图 13-7　GATF 数字测试文件色彩测量区

二、测试过程

1. 确定测试目标

根据测试的目的进行设备与材料的准备。印刷流程的每一设备需进行预检，如印刷设备的检修，保证其正常的工作性能；照排输出设备的线性化控制；胶片冲洗设备的预热与稳定；晒版设备的检测等。其次，对所采用的材料进行基本测试，如纸张与印刷油墨的基本适性分析，保证所用于测试的过程是在生产状态下可重复实现的。

2. 测试样张的制作与生产

在印前生产环节中，打开 GATF4.1 格式的数字文档，填入印刷测试信息段所需信息，生成测试样张的电子页面；将电子页面输出到胶片或直接到印版（如果胶片输出，则需将胶片进行晒制印版处理）；印版的冲洗与检查，保证印版质量；印刷测试样张，将印版装配到印刷机，进行正常的印刷过程控制，并进行印样的测控，保证印样的质量达到印刷质量标准。

3. 抽样与测试分析

收集样张进行进一步的分析。选取样张的数量和频率取决于测试的目的。例如，要测试目的是要解决印刷的机械问题，200 张样张就够用于测试结果的分析。如果是用于评估随时间变化的印刷系统变化的细节，那么每 20000 中选取 500 张是合适的。

三、测试结果分析

1. 印刷外观故障检测

故障	水印	上脏	重影	套准	墨色均匀	图像的阶调与色彩误差
说明						

2. 印刷控制指标检测

指标	网点增大值		印刷 K 值	油墨叠印率 1		印刷实地密度			
	25%	75%		Y－M	M－C	C	M	Y	K
数据									

3. 印刷网点增大曲线检测数据

单位（%）	3	5	7	10	15	20	25	30	35	40	45	50	55	60	65	70	75	80	85	90	95	97	100
C																							
M																							
Y																							
K																							

4. 油墨色性检测

	色偏	灰度	色强
C			
M			
Y			

5. 印刷色彩特性检测

最大墨量	
印刷特性文件	利用分光光度仪对 IT8.7/3 色表的基本数据测量后，计算印刷 ICC 特性文件

6. 灰平衡曲线检测

C	7%	30%	60%	80%
M				
Y				

7. 输出指标检测

（1）胶片与印版线性（进行胶片测量或印版测量）

单位（%）	0.5	1	2	3	4	5	10	20	25	30	40	50	60	70	75	80	90	95	96	97	98	99	99.5
C																							
M																							
Y																							
K																							

（2）胶片与印版输出参数

分辨率：

曝光量：

8. 数码样张比较测试

	C	M	Y	K	R	G	B	最细线宽（阳）	最细线宽（阴）
色差（NBS）									

任务三 G7 印刷认证

教学目标

掌握 G7 印刷认证,以及利用 G7 方法实现印刷过程控制的方法与技术。

能力目标

掌握 G7 方法实现印刷过程控制。

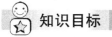

知识目标

理解 G7 印刷控制理论。

G7 印刷认证由美国的平版胶印商业印刷规范组织(简称 GRACoL),结合 CTP 设备的多年实践探索总结而成,其目的就是要在 CTP 的帮助下,实现商业胶印品质的一致化效果。

1. 准备工作

预计的时间长度和工作全过程共需要两次印刷操作,分别为校正基础印刷和特征化印刷,各约需一到两个小时,中间需要半个小时到一个小时的印版校正,共约需半个工作日左右。所有的工作都应安排在同一天,并由相同的操作人员对同样的设备材料来完成。

(1)设备。印刷机调试到最佳工作状态,包括耗材,并检查其相关的物化参数是否符合要求。按生产厂家的要求,调节 CTP 的焦距、曝光及化学药水,并使用未经线性化校正的自然曲线出版。

(2)纸张。使用 ISO 1#纸,尽量不带荧光。纸张大约需要 6000~10000 张不等,由操作效率决定。

(3)油墨。使用 ISO 2846 - 1 油墨。其基本色油墨及叠印色的参数见表 13 - 1。

(4)标准样张。可以从 www. printtools. org 网站上购买预置好的《GRACoL7 印刷机校正范样》,也可以自己做,如图 13 - 8 所示。

标准样张应该包括:

- 两份 P2P23 ×标准(或较新的版本),且互成 180°;
- GrayFinder20 标准(或较新的版本);
- 两张 IT8. 7/4 特性标准样(或相当于),相互成 180°,且排成一排;
- 一条横布全纸张长的半英寸(1cm)(50C,40M,40Y)的信号条;
- 一条横布全纸张长的半英寸(1cm)50K 的信号条;
- 一条合适的印刷机控制条,应包括 G7 的一些重要参数,如 HR、SC、HC 等;
- 一些典型的 CMYK 图像。

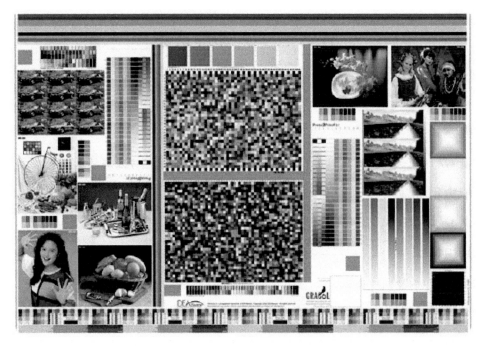

图 13 – 8　标准样张示意图

（5）其他。其他设备包括有由 GRACoL 免费提供的 NPDC（Neutral Print Density Curve，G7 中控制印刷质量的中性灰印刷密度曲线，它是基于 GRACoL 专门设计的文件 Press2Proof，其横坐标为 P2P 中所设定的网点百分数，纵坐标为印刷后的密度值）图纸（如图 13 – 9 所示，其可通过 www. gracol. org 网站下载）；测量印版的印版网点测量计；分光光度仪；D50 标准观察光源；作图用的曲线工具等。注：也可以购买 GRACoL 的软件 IDEAlink 来帮助快捷完成测试工作。

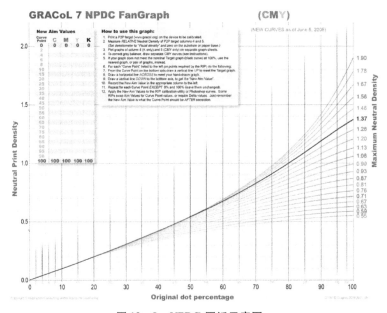

图 13 – 9　NPDC 图纸示意图

2. 校正基础印刷

（1）印刷条件。印刷机及其耗材都应得到正确调节，包括油墨的黏性、橡皮布、包衬、压力、润版液、环境温度、湿度等。印刷的色序建议为 K – C – M – Y。最好不使用机器的干燥系统。

（2）实地密度 SID。按标准实地油墨的色度值（L*a*b*）（如表 13 – 1 所列的数据）或密度值印刷。

（3）网点增大曲线 TVI。测量每一 CMYK 色版的 TVI 值。CMY 的每条 TVI 曲线之间的差值应在 ±3% 之内，黑版略高 3% ~6%。

（4）灰平衡。将分光光度仪设定在 D50/2°，测量印张上的几个 HR（50C，40M，40Y）块的灰平衡值。显示针对 L*a*b* 的误差组合情况，调节 CMY 的油墨实地密度。

如果灰平衡不能接近目标 a*、b* 值，或者不能通过少量实地密度的调节来改正，那么，请检查一条或多条 TVI 的值是否过大，油墨的色相是否正确，叠印是否正确（可能是由于油墨黏性不理想或乳化不理想），或者是油墨色序不正确。

（5）调节印刷均匀性。这可能是印刷机校正中最难的部分。调节印刷机墨键，尽量减小印张上实地密度的偏差，最好每种油墨在印刷面上的偏差不要大过 ±0.05，才能使灰平衡的偏差尽可能小，最好在印刷区域上或是滚筒处不超过 ±1.0a$*$ 或 ±2.0b$*$。

（6）印刷速度。用 1000 张/时以上的生产速度来开动机器（预热机器），再次检查实地密度、灰平衡和均匀性。如果油墨的实地密度、灰平衡或均匀性的变化超过了数值，调节印刷机，确保得到希望的印刷要求，然后按需要再次提速，以正常的生产速度印刷，保证印刷品质量的均匀稳定。

3. CTP 的校正

（1）三色 CMY 曲线的校正。进行完第一次印刷后，检查 P2P 的第 4 列的色度值，中性灰有可能会做得很好，也可能不好。

①灰平衡达到后：

a. 测量 P2P。选出符合要求的印刷品，干燥后测量 P2P 的第 4 列的数值相对密度值。注意，应从不同区域至少测两个读数，取其平均值。

b. 绘出实际的 NPDC 曲线。在 GRACoL 的官方网站上下载免费的图纸，做出印刷输出实际的 NPDC 曲线图。

c. 确定标准曲线。在 NPDC 扇形图中，找到最接近实际生产的实地密度值的目标图。若没有，可从上下两条接近的曲线中，自己用曲线板分析画出。

d. 确定校正点。检查所画的实际曲线，看看在哪儿弯得最明显，然后确定需要校正的曲线点。由于人眼对亮调最敏感，因此，最好在亮调处多设几个点。

e. 校正 NPDC 曲线。在每一个校正点从（60，44）处往上画一条竖线，与目标线相交并从交点处再画一条横线，（向左或向右）与标准线相交从交点处向下画一条竖线，交于坐标轴，获得一个新的目标值。在图纸上记录该值，并在每一曲线点处重复上述步骤，0% 和 100% 处不要动。

②未达到灰平衡：

a. GrayFinder。若印刷时不能实现想要的灰平衡，就可以用 GrayFinder 来完成校正。用一台分光光度仪，测量标定青色为 50% 处（实际是 49.8%）色块的中间，以及相邻的色块，寻找一个最接近目标的中性灰值（即0a*，−1b*）。如果中间色块最接近目标灰，那么，该设备已经达到灰平衡了（在50%C处），不需要做任何校正。如果最靠近目标的a*b*值不是中间的色块，注意M和Y旁边所列的百分数值。例如，如果最佳测量在+2和+3的M之间，−3Y上得到，那么所要的较好的灰平衡为+2.5M和−3Y。重复此步骤，可以为75%，62.5%，37.5%，25%和12.5%等色块，找到实际的灰平衡数值。

b. 确定单色C、M、Y的NPDC曲线。在CMY图上，先画出P2P的第4列值的曲线，即为C版曲线，然后通过在GrayFinder上所找到的百分数，画出单色M和Y版的曲线，在原曲线（C版）的左边或右边。

c. 确定标准的NPDC曲线、校正点并画出新的NPDC曲线。

在NPDC扇形图中，确定最接近实际印刷实地密度值的标准曲线。然后，找到需要校正的点。对每一个校正点进行校正。从下至上画一条竖线，交于目标线在交点处，画一条横线，与C、M和Y线相交在交点处，从上至下画若干条竖线，与坐标横轴相交，得到C、M、Y的三个新的目标值。在图纸的新值栏上记录CMY的目标值重复每一个曲线点，0%和100%不变。

（2）单色黑版的校正。在黑版专用图纸上，将P2P第5列的数值画上。做法可参考三色CMY的NPDC校正。

为RIP赋值。将上述CMY和K的NPDC校正结果，为RIP或校正设备赋予新的目标值。有些RIP设备需要输入"测量后"的值，而不是"所需要的"值，还有些RIP需要输入校正的差值。新的目标值就是经过校正后每个曲线点都应该得到的值。

4. 印刷

（1）制版。用新的RIP曲线，制作标准样张的新印版，并且将P2P上的印版值与所记录的未校正过的印版曲线进行对比，确保所要求的变化已经获得。例如，如果50%的曲线点有一个新的目标值为55%，则检查新版的50%色块处是否比未校正过的印版大约增大5%。由于印版表面测量困难，因此，只要这些值大概正确即可。

（2）印刷。使用新的印版或RIP曲线，并且用相同的印刷条件，印刷特性标准样，最好是整个测量标准样。照着与校正印刷最后所记录相同的L*a*b*值（或密度值）来印刷。注意墨色的均匀性和灰平衡。调机时，测量HR、SC和HC值，确定印刷机满足NPDC曲线。如果可能的话，也测量P2P标准样，或者在一张空的G7图纸上动手绘出第4和5列。这些曲线此时应该可以与目标曲线几乎完全一致。如果不是，调节实地密度，或者再多印几张让印刷机预热。检查其他参数，如灰平衡、均匀性等，其数据都在控制内，然后开动机器到正常印刷速度，检查测量值，看看是否到最后都很好。从现场选取至少两张或更多张，自然干燥。如果可能，再以相同的条件，进行两次或更多次的印刷机操作，从每一次印刷中选取最佳的印张，为后续工作平均化准备。

（3）建立ICC。用分光光度仪测量所选取的每一印张的特性数据，然后从平均数据中建立印刷机的ICC文件。如果可能，存储原来测量的光谱数据，而不是CIEL*a*b*（D50）的数据。如此得到改良后的ICC文件，可以减少由于非标准光源，或是两种光源的变化而导致的同色异谱的问题。

任务四 FOGRA 胶印印刷过程控制方法 – PSO

教学目标

掌握 FOGRA 印刷认证，以及利用 PSO 方法实现印刷过程控制的方法与技术。

能力目标

掌握 PSO 方法实现印刷过程控制。

知识目标

理解 PSO 印刷控制理论。

与印刷相关的标准化包含很多内容，比如纸张、油墨、环境等。就印刷的色彩质量而言，以 ISO 12647 系列为大家所广泛接受。而其中又以胶印使用得最为成熟，世界各地（主要是欧美）也开发了一些相关的国际认证体系，并得到了全球不少印刷品采购商的认可。

以胶印的 ISO 标准（ISO 12647 – 2）为基础的相关国际认证主要有 G7 认证、PSO 认证等。G7 主要来自美国，PSO 则源于欧洲。

PSO 的全称是 Process Standard Offset，中文译为：标准胶印生产流程。主要来源于 FOGRA（Graphic Technology Research Association，德国印艺学会）。PSO 是其众多认证体系中的一部分。Fogra 的认证体系如图 13 – 10 所示。

Fogra 的标准胶印生产流程控制包含印前、印刷两个部分，其工作流程如图 13 – 11 所示。

一、印前部分

Fogra PSO 认证的印前部分包括色彩管理作业、扫描分色作业、合同样张、设备的检查。

（1）色彩管理作业。包括显示器软打样、标准光源。

（2）扫描分色作业。如果有扫描分色仪，否则就用合作伙伴提供的 RGB 图片。

（3）合同样张。使用数字打样系统输出数字打样样张，包含 FOGAR MEDIA WEDGE 3.0（图 13 – 12）。

控制条用于检测结果。

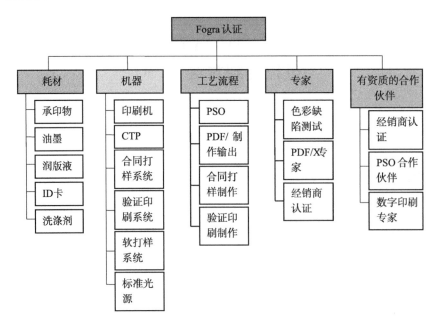

图 13 – 10 Fogra 的认证体系

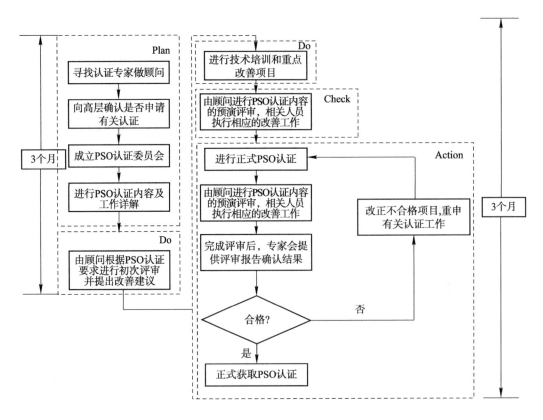

图 13 – 11 PSO 认证工作流程

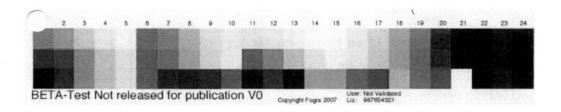

图 13 – 12　The Media Wedge 3. 0

（4）设备的检查。预飞检查工具；D50 标准光源；色彩管理仪器及校正等。具体要求为：

①现场测试的要求和总体准备工作。这一过程的工作为检查软打样（如显示器、光源的校正和维护等），检查观测光源及测量仪器的使用和维护、校正等。

②色彩管理。该过程执行合格的色彩管理标准，包括完整的数据处理、ICC 色彩管理、分色与色彩转换等。作业过程可用 FOGRA39、F45、F46、F28 测控条，具体步骤为（a）在 ADOBE PHOTOSHOP 中打开 TIFF 图像；（b）完成色彩管理任务（不是修图、无曲线）；（c）打开 INDESIGN 文件；（d）替换成新文件；（e）完成扫描分色任务（可选）；（f）制作所需提交的文件。

③PDF 文件工作流程。预飞检查包含：合适的 ICC 文件、没有未标记的文件、有多少输出途径、合适的黑版产生（TWS）、合适的图像分辨率、字体、已定义的套印和叠印、完善、细线、病毒等。

④合同打样。现场测试 2 个 A3 幅面的 INDESIGN 文件时，打样要求为：（a）打样设备的简要检查；（b）测量方法的标定；（c）确保测量数据一致性；（d）视觉效果与测量数据的合理匹配等。在合同打样以外，FOGRA 还要求使用 PT5 纸张进行数字打样模拟。

二、印刷部分

PSO 的原理是对实地密度、网点增大等参数进行过程控制，使印刷样张的阶调曲线（TVI）与原稿匹配。印刷过程评估时 PSO 采用 GATF 测试标版，在稳定印版输出和印刷条件的基础上，利用印刷样张的实地色控制、网点增大、印刷反差等参数监控印刷效果，通过对生产流程中印刷参数的补偿调整，制作 CTP 印版补偿曲线和印刷特性文件，从而达到 ISO 12647 的相应标准。

对于印刷结果的评估，FOGRA 定义了两个概念：

①偏离容差。指的是实际印刷时的首签样（OK 样）与 ISO 标准值（目标值）之间的差别和允许的误差范围。

②波动容差。指的是在一个印刷周期内（FOGRA 定义的单张纸胶印是 5000 张），印刷抽样（每 500 张抽取 10 张）的平均值（抽样）与首签样（OK 样）之间的差别以及允许的误差范围。

1. 实地色标准与容差

PSO 认证采用符合 ISO 12647 – 2 标准的纸张（表 13 – 3），符合 ISO 2846 – 1 标准的油墨与 ISO12647 – 2 中对纸张色彩和光泽度、不同纸张类型的实地色及容差的要求（表 13 – 4）。

表 13 – 3　ISO 12647 – 2 的纸张色彩和光泽度（测量黑衬垫）

纸张类型	L^*	a^*	b^*	光泽度
PT1：光泽涂层纸（铜版），化学木浆	93	0	− 3	65%
PT2：亚光涂层纸（亚粉），化学木浆	92	0	− 3	38%
PT3：LWC，轻涂纸，卷筒（稍微偏黄）	87	− 1	3	55%
PT4：非涂布纸，白色	92	0	− 3	6%
PT5：非涂布纸，偏黄	88	0	6	6%
容差	± 3	± 2	± 2	± 5%

表 13 – 4　ISO 纸张类型的实地色（垫黑）

纸张类型	1	2	3	4	5	偏离容差	波动容差
	$L^*/a^*/b^*$	$L^*/a^*/b^*$	$L^*/a^*/b^*$	$L^*/a^*/b^*$	$L^*/a^*/b^*$	ΔE	ΔE
黑	16/0/0	16/0/0	20/0/0	31/1/1	31/1/2	≤5	≤4
青	54/ − 36/ − 49	54/ − 36/ − 49	55/ − 36/ − 44	58/ − 25/ − 43	59/ − 27/ − 36	≤5	≤4
品红	46/72/ − 5	46/72/ − 5	46/70/ − 3	54/58/ − 2	52/57/2	≤5	≤4
黄	87/ − 6/90	87/ − 6/90	84/ − 5/88	86/ − 4/75	86/ − 3/77	≤5	≤5
红	46/67/47	46/67/47	45/62/39	52/53/25	51/55/34	≤5	≤5
绿	49/ − 63/26	49/ − 63/26	47/ − 60/25	53/ − 42/13	49/ − 44/16	≤5	≤5
蓝	24/21/ − 45	24/21/ − 45	24/18/ − 41	37/8/ − 30	33/12/ − 29	≤5	≤5

2. 网点增大标准与容差

ISO 12647 有相关的标准对印刷网点增大进行描述，见表 13 – 2 为 ISO 12647 – 2 针对胶印过程网点增大的标准。值得说明的是网点增大受到很多因素的影响，比如纸张类型、印刷油墨特性、润版液、油墨添加剂、印版、橡皮布、压力等，因此，可以通过网点增大来反映现实生产中的问题。有效地控制网点增大，是保证印刷品质量的关键。经过 FOGRA 的研究，对网点增大影响最大的前 4 个主要因素中，除了印刷压力以外，其他的 3 个因素都和油墨有关，因此控制油墨标准对印刷过程控制十分重要。

偏离容差：全部曲线，每 5%，高光部分 ± 3%；

中间调 ± 4%，暗调：± 3%；

波动容差：40% 与 80% 两处，± 4% 和 ± 3%；

网点增大分布：CMY 中间调的地方：最大相差 5%；

视觉要求 3% 至少和 97% 可见。

三、基于 TVI 的 PSO 控制方法

以下采用 GATF 测试标版（图 13 – 13），在稳定印版输出和印刷条件的基础上，利用印刷样张的实地密度、网点增大、印刷反差等参数监控印刷效果，通过对生产流程中印刷

参数的补偿调整，制作 CTP 印版补偿曲线和印刷特性文件，来获得高质量的印刷效果。具体实施步骤如下。

1. 印刷准备

（1）CTP 制版机。调整好 CTP 制印版机的焦距、曝光条件和显影条件后，输出不带任何曲线的网点灰梯尺印版，生成线性化曲线，并检验线性化补偿后印版网点输出差值是否在 ±0.5% 内。

（2）印刷机。将机器调试到最佳工作状态，检查润版液各项参数（pH 值 4.8～5.5、液温 10～12℃、电导率 800～1200μS/cm），印刷色序采用 K、C、M、Y。

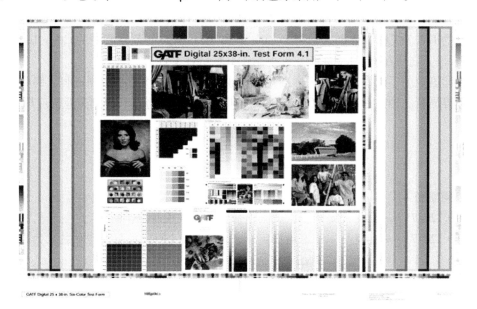

图 13－13　GATF 数字测试文件

（3）纸张和油墨。采用符合 ISO 12647－2 标准的纸张和符合 ISO 2846－1 标准的油墨，具体参数见表 13－3。ISO 12647－2 中对纸张色彩和光泽度、不同纸张类型的实地色及容差的要求见表 13－4。

2. 印刷平网标版

采用分辨率为 2400dpi，加网线数为 175lpi，加网角度为 K75°、C15°、M45°、Y90° 的方圆型网点制版。印刷平网后根据样张上周向、轴向以及均匀分布的色块的实地密度数据，来检查印刷机的印刷均匀性。

3. 印刷未补偿标版

根据平网印刷结果，调整印刷机的各项参数，使其达到印刷测试要求，印刷未加载任何补偿曲线的标版，现场采用密度法控制，使样张上指定区域的实地密度达到相应的密度标准。

在实地密度达到要求后，测量样张上的网点梯尺数据并计算出当前印刷机的四色网点增大数据，利用这组数据在印前流程中生成网点增大补偿曲线并制作四色 CTP 网点增大补偿印版。

由于各色油墨的差异性，四色网点增大数据不尽相同，因此需要针对每色印版都专门制作网点增大补偿曲线，在笔者进行的试验中，补偿前 50% 处青、品红、黄三色网点增大

173

为 17% ~ 19%，黑色网点增大达 21%。

4. 印刷补偿标版验证

印刷加载有 CTP 网点增大补偿曲线的标版，同样在实地密度达到标准时，测量样张的网点增大数据，并检查样张上 50% 处网点增大值是否在标准允差之内，以及整个阶调网点增大曲线是否平滑。如未达到标准要求，应重新计算补偿曲线并制作补偿印版进行印刷，直到网点增大数据符合标准要求为止。CTP 补偿印刷后 50% 处青、品红、黄三色网点增大控制在 12% ~ 15%，黑色网点增大控制在 17% 以内，很好地达到了标准要求。

5. 制作 ICC 特性文件

选取实地密度和网点增大都符合标准要求的印刷补偿样张，利用相关色度测量工具，测量其上的 IT8.7/3 标版数据，采用 Eyeone io 和 Agfa：ApogeeX 流程中的 Color Tune Measurement 软件，之后在 ProfileMaker 软件里制作 ICC 特性文件。

随着印刷业的不断发展，采用标准化的作业体系来管理和控制印刷过程，终将使企业领先于业界同行。因此，无论是 G7 或 PSO 的印刷认证技术将不断得到企业的应用。

训练题

一、判断题

1. ISO 12647 是建立在一定油墨、纸张上的一系列印刷标准。（　　）

2. ISO 12647 印刷过程控制标准由国际标准化组织（ISO）内针对印刷技术的专门委员会 TC42 制定。（　　）

3. PSO 全称为 Process Standard Offset（胶印标准生产流程），其原理是对实地密度、网点增大等参数进行过程控制，使印刷样张的阶调曲线（TVI）与原稿匹配。（　　）

4. FOGRA 定义的偏离容差指实际印刷抽样与目标值之间的差别和允许的误差范围。（　　）

5. Fogra PSO 认证的印前部分包括色彩管理作业、扫描分色作业、合同样张、设备的检查。（　　）

6. G7 印刷认证由美国的平版胶印商业印刷规范组织（简称 GRACoL）总结而成。（　　）

7. GATF 数字测试文件 4.1 是进行 CTP 过程控制测试所用的一个标准数字测试文件。（　　）

8. NPDC（Neutral Print Density Curve）是 G7 中控制印刷质量的中性灰印刷密度曲线。（　　）

9. ISO 12647 标准也包括测量和视觉观察条件标准。（　　）

10. ISO 12647 - 6 标准是针对柔性版印刷过程控制的相关标准。（　　）

二、问答题

说明 G7 与 PSO 认证过程的区别。

训练题答案

项目一

判断题

  1. × 2. √ 3. × 4. √ 5. √ 6. √ 7. × 8. √ 9. × 10. √

选择题

  1. B 2. D 3. A 4. B 5. B 6. B 7. C 8. A 9. A

问答题：（略）

项目二

判断题

  1. √ 2. √ 3. × 4. √ 5. ×

选择题

  1. A 2. B 3. A 4. A 5. B

问答题：（略）

项目三

判断题

  1. √ 2. √ 3. √ 4. √ 5. ×

选择题

  1. D 2. A 3. C 4. B 5. C

问答题：（略）

项目四

判断题

  1. √ 2. × 3. √ 4. √ 5. √ 6. × 7. √ 8. × 9. ×

选择题

  1. C 2. A 3. B 4. C 5. A 6. A 7. A

问答题：（略）

项目五

判断题

1. √ 2. × 3. × 4. × 5. √ 6. × 7. × 8. √ 9. × 10. ×

选择题

1. A 2. C 3. B 4. C 5. D 6. B 7. A 8. A 9. A 10. A

问答题：（略）

项目六

判断题

1. √ 2. √ 3. × 4. × 5. √ 6. × 7. √ 8. × 9. √ 10. √

选择题

1. B 2. B 3. C 4. B 5. A 6. B 7. A 8. A 9. B 10. A

问答题：（略）

项目七

判断题

1. √ 2. √ 3. √ 4. √ 5. √ 6. √ 7. × 8. ×

选择题

1. B 2. A 3. C 4. A 5. A 6. A 7. B

问答题：（略）

项目八

问答题：（略）

项目九

判断题

1. √ 2. × 3. √ 4. × 5. √

问答题：（略）

项目十

问答题：（略）

项目十一

判断题

1. √ 2. √ 3. √ 4. √ 5. × 6. √ 7. √

问答题：（略）

项目十二

判断题

1. √　2. ×　3. √　4. ×

问答题：（略）

项目十三

判断题

1. √　2. ×　3. √　4. ×　5. √　6. √　7. ×　8. √　9. √　10. √

问答题：（略）

参 考 文 献

［1］ ISO 13655 Graphic technology – spectral measurement and colorimetric computation for graphic arts images，2012.

［2］ ISO 12467 – 2 Graphic technology – process control for the manufacture of half – tone color separations，proof and production prints – Parts 2，2012.

［3］ 田全慧. 印刷色彩管理. 北京：印刷工业出版社，2011.

［4］ 陈哲. 基于原稿颜色的基色选择及分色方法研究. 北京：北京印刷学院，2013.

［5］ 田东文. 基于 CIP3/CIP4 标准的预放墨及控墨技术. 广东印刷，2010（1）.

［6］ 卢沧龙. 基于 CIECAM02 的跨媒体颜色复现评价研究. 浙江：浙江大学，2013.

［7］ 于惠. 基于 SHAME 的图像色差模型的扩展及研究. 上海：上海理工大学，2013.

［8］ 李鑫. 标准化的蹊径——DeviceLink，印刷杂志，2010（11）.

［9］ 曹倩等. G7 印刷工艺质量控制. 印刷质量与标准化，2012（2）.

［10］ Photoshop EPS 格式存储文件，Photoshop CS6 帮助，Adobe Help Center. 2013.

［11］ 张显斗. 数字图像颜色复现理论与方法研究. 浙江：浙江大学，2010.

［12］ 周春霞，唐正宁. 浅议原稿阶调在 Photoshop 分色过程中的传递原理. 印刷杂志，2005（1）.

［13］ 袁尉，蒋青言. PSO 与 G7 大比拼. 印刷技术，2011（15）.

［14］ 穆健. 实用电脑印前技术. 北京：人民邮电出版社，2008.

［15］ 王强. 数字打样应用中的若干关键问题. 印刷杂志，2009（3）.

［16］ 贾金平. CIP4 油墨预置技术在报纸印刷中的应用. 印刷杂志，2008（10）.

［17］ 蓝雪. PDF 工作流程色彩管理综述. 印刷杂志，2002（12）.

［18］ 廖宁放等. 数字图文图像颜色管理系统概论. 北京：北京理工大学出版社，2009.

［19］ 胡威捷等. 现代颜色技术原理及应用. 北京：北京理工大学出版社，2007.

［20］ CIE159. A Color Apearance Model for Color Management Systems：CIECAM02. 2004.

［21］ M. D. Fairehild. Color Appearance Model，John Wiley & Sons Ltd，England，2005.

［22］ 海德堡中国有限公司. 海德堡公司——印前至印刷标准化工作流程. 今日印刷，2002（7）.

［23］ 北京北大方正电子有限公司. 方正畅流 PDF/JDF 工作流程管理系统 V5.0 用户手册. 2010（6）.

［24］ 殷幼芳. 构建 CTP 系统全流程色彩管理. 数码印艺. 2010（11）.

［25］ 崔孝广. 多色胶印机油墨预置方法与试验研究. 北京：北京工业大学，2010.

［26］ 杨根福. 色彩管理技术助推数字化工作流程的实现. 今日印刷，2009（1）.

［27］ 郭倩倩. 油墨配色理论与实验研究. 陕西：西安理工大学，2006.

［28］ 郝清霞著. 数字印前工艺. 上海：上海科技教育出版社，2001.

［29］ 杜功顺. 印刷色彩学. 北京：印刷工业出版社，1995.

［30］ www. gracol. org，G7 工艺的实用介绍，2012.

［31］ X – rite InkFormulation 6 Operating Manual，2010，X – rite.

［32］ EFI Colorproof XF User's Guide, 2010, EFI.

［33］ Prinopen User's Guide, Edition June 2000, Heidelberg.

［34］ Fundamentals of Color and Appearance, 1995, GretagMacbeth.

［35］ www. iso. org.

［36］ www. fogra. org.

［37］ www. color. org/japancolor. xalter.

［38］ www. swop. org.

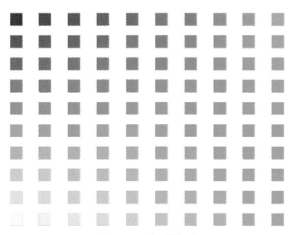

图1-4　色样排列

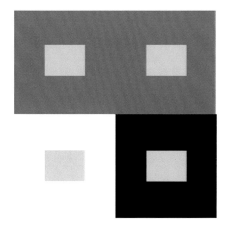
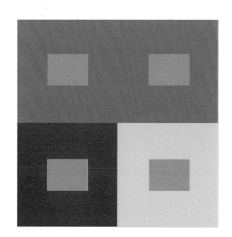

(a)黑白对比　　　　　　　　　　　　　　(b)彩色对比

图1-5　同时对比例子

图1-6　同时对比和扩散现象

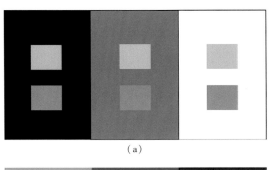

(a)

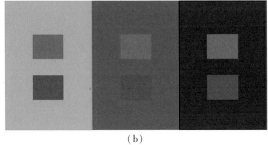

(b)

图 1-7　明度与色度勾边

图 1-8　色适应现象

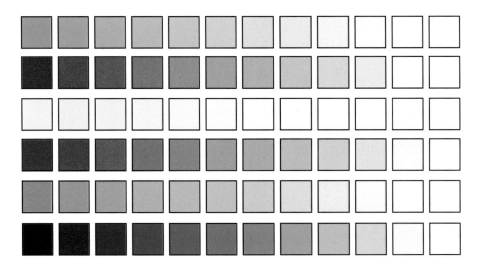

图 3-2　CMYRGB 色阶

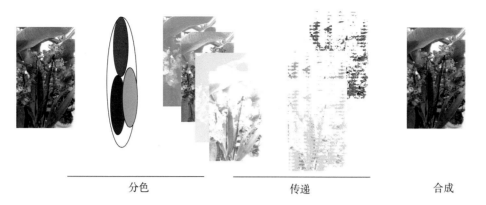

分色 传递 合成

图 4 – 2 印刷色彩复制

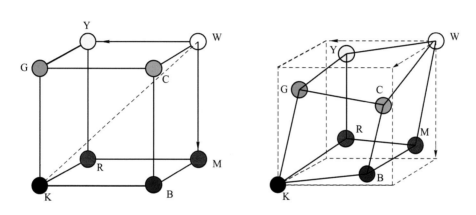

图 6 – 2 理想阶调空间与实际阶调空间

图 6 – 3 Photoshop 中色平衡调整

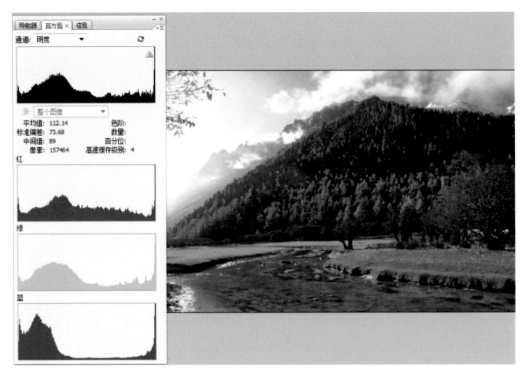

图 6 – 4　Photoshop 中的直方图

（a）黑白场正确

（b）黑场不正确，暗调并级

图 6 – 5　黑白场设置不同的图像

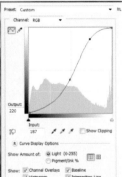

图 6 – 7　画面平图像调整方法

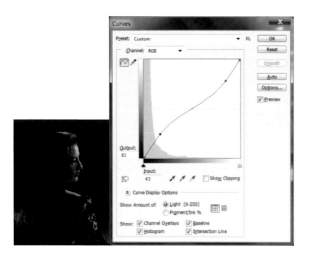

图 6 - 8 逆光拍摄图片的调整

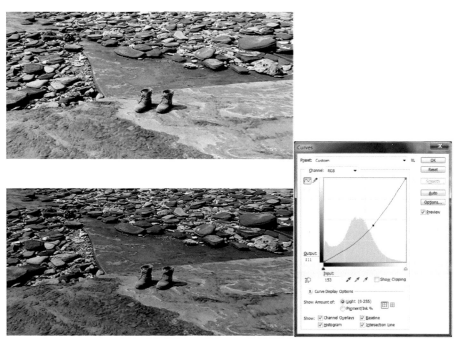

图 6 - 9 曝光过度图片的调整

图 6 - 10 曝光不足图片的调整

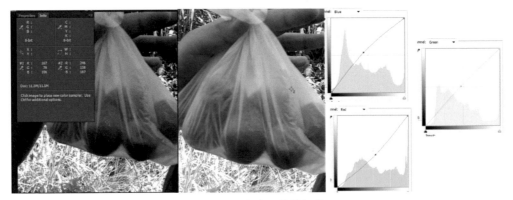

图 6 – 11　偏色图片的调整

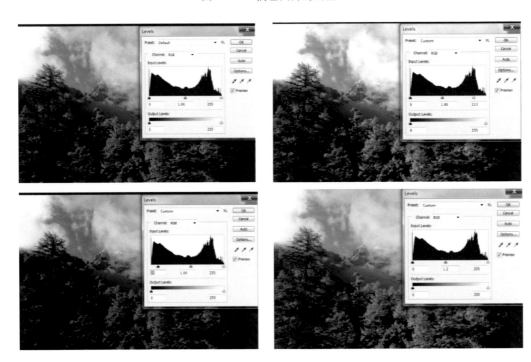

图 6 – 13　色阶调整

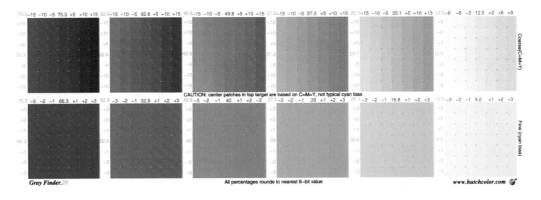

图 6 – 15　G7 灰平衡测试图 GrayFinder